家装课堂

HOME
DECORATION
CLASS

装饰装修识图与概预算一本通

曹艳 编著

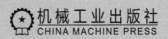

机械工业出版社
CHINA MACHINE PRESS

本书以图例分解的形式全面讲解装修图纸的识读与装修概预算的计算方法，使装修业主能更直观地看懂设计图与装修预算表。合理的装修预算不仅能够控制住整体装修费用的支出，还可以避免过度消费，真正做到让每一分钱都用到实处。全书共有7章，能让读者快速读懂设计图，轻松掌握预算常识，巧妙躲避装修陷阱，帮助读者合理规划装修支出，避开常见的认识误区，真正做到装修省钱但不降低品质。本书适合从事装饰装修设计工作的设计师、从事预算工作的预算员阅读，同时也是装修业主们的必要参考书、职业技术培训机构的辅助教程。

图书在版编目（CIP）数据

装饰装修识图与概预算一本通/曹艳编著. —北京：机械工业出版社，2023.8

（家装课堂）

ISBN 978-7-111-73641-7

Ⅰ.①装… Ⅱ.①曹… Ⅲ.①建筑装饰—建筑制图—识图②建筑装饰—工程造价 Ⅳ.①TU204.21②TU723.3

中国国家版本馆CIP数据核字（2023）第147412号

机械工业出版社（北京市百万庄大街22号 邮政编码100037）

策划编辑：宋晓磊 责任编辑：宋晓磊 张大勇
责任校对：张晓蓉 陈 越 封面设计：鞠 杨
责任印制：邵 敏

北京富资园科技发展有限公司印刷

2023年11月第1版第1次印刷

184mm×260mm·16印张·404千字

标准书号：ISBN 978-7-111-73641-7

定价：59.00元

电话服务 网络服务

客服电话：010-88361066 机 工 官 网：www.cmpbook.com
010-88379833 机 工 官 博：weibo.com/cmp1952
010-68326294 金 书 网：www.golden-book.com

封底无防伪标均为盗版 机工教育服务网：www.cmpedu.com

前言

　　装修识图与概预算的关系十分密切，只有读懂设计图，了解各项费用的市场行情，才能精确计算出装修价格。如今，有些设计师与装修业主对装修费用的构成缺乏系统的了解，浮于眼前的表面数据不仅不能反映家居装修工程的真实花费，更不能表明装修企业的真实利润。

　　想要做出高品质的家装，只在某个环节加大资金的投入是远远不够的，要提高把控装修费用的精准度，需要从以下几点入手。

　　1）从设计图入手，理清设计构造与制作的工程量。精确测量图纸上的各构造尺寸，将尺寸数据转化为工程量，对不同内容的工程量进行细致测算，选用项、件、m、m^2、m^3 等单位计量额度。

　　2）熟悉设计风格，了解不同设计风格对装修费用的影响。由风格来把控费用支出，由风格来定位装修档次。本书列举八大常见装修风格，并通过案例对风格预算进行解析，让读者深度了解装修预算。

　　3）剖析材料选购与施工工艺。本书将家居装修中的主要材料与施工工艺逐一列出并解析，统计这些材料的市场价格与施工员的劳务费用，让读者深入了解当今我国的装修市场价格行情，同时列出各项施工费用的计算方法与简要公式，让读者能快速、精准、独立地计算出各项装修费用。

　　4）分析概预算内容组成。对预算表格精细拆解，利用表格、简图、思维导图等形式详细分析装修概算、预算。最后整理出成本核算方法，通过真实案例让读者了解成本与利润之间的关系，从而更好地控制装修支出，提高经济效益。

　　本书共有 7 章，基本上涵盖了与装修费用相关的各方面的内容，包括装修前的规划投入、各种风格的预算、各种材料的预算、预算中的施工价格、对不同装修空间的案例分析以及软装预算的合理性详细参考等内容。

　　读者可加微信 whcdgr，免费获取本书配套资源。

编　者

目录

前言

第1章

装修图识读

识读难度：★★☆☆☆

重点概念：平面图、立面图、构造详图、
水电图

章节导读：装修图有自身的特点，图纸识读能力能提高设计师与客户、设计师与施工员的交流效率。同时，装修图是后期预算的基础，所有预算中的工程量都根据装修图中的形体结构与数据进行计算的，图纸的完整性直接影响到后期预算的精准度。

1.1 平面图识读

平面图是建筑物、构筑物的水平投影所形成的图形，它包含图像、线条、数字、符号、图例等图示语言，遵循国家标准的规定，既表示建筑物在水平方向各部分之间的组合关系，又反映各建筑空间与围合它们的垂直构件之间的关系。

平面图分为基础平面图、平面布置图、地面铺装平面图和顶棚布置图。绘制平面图时，可以根据 GB/T 50001—2017《房屋建筑制图统一标准》和实际情况来绘制（表 1-1）。

表 1-1　图线使用规范

名称		线型	线宽 /mm	用途
实线	粗		0.5	室内外建筑物、构筑物主要轮廓线、墙体线、剖切符号等
	中		0.25	主要设计构造轮廓线，门窗、家具轮廓线，一般轮廓线等
	细		0.13	设计构造内部轮廓线，图案填充、文字、尺度标注线、说明文字引出线
虚线		— — — —	0.13	不可见的内部结构或顶棚结构的轮廓线
点划线		— · — · —	0.13	中心线、对称线等
折断线		⌇	0.13	断开界线

1.1.1 基础平面图

基础平面图又称为原始平面图，内容是设计对象现有的布局状态，包括现有建筑与构造的实际尺寸，墙体、门窗、烟道、楼梯、给排水管道等位置信息，并且要在图上标明能够拆除或改动的部位，为后期设计奠定基础（图 1-1）。

基础平面图识读要点如下：

1）辨清土建施工图所标注的墙体中轴线，这是计算建筑面积的重要依据。

2）注意门、窗等特殊构造的洞口，根据墙线标注尺寸区分边界线，通过填充图案来识别柱体和剪力墙。

3）识读水电管线及特殊构造的位置，方便后期计算水电管线工程量。

4）无法获得基础平面图时，只能到设计现场去考察测量，测量的尺寸一般是室内或室外的成型尺寸，而无法测量到轴线尺寸，具体尺寸应精确到厘米（cm）。

5）基础平面图能为后期设计提供原始记录，一个设计项目需要设计师提供多种设计方案时，基础平面图是修改和变更的原始依据，其图线应当准确无误，标注的文字和数据应当翔实可靠。

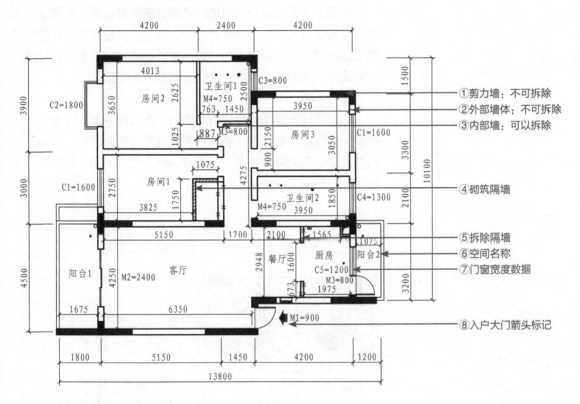

图 1-1 基础平面图

1.1.2 平面布置图

平面布置图需要表现设计对象的平面形式、大小尺寸、房间布置、建筑入口、门厅及楼梯布置的情况，表明墙、柱的位置、厚度和所用材料以及门窗的类型、位置等情况。平面布置图基本上是设计对象的立面设计、地面装饰和空间分隔等施工的统领性依据，它是设计者与投资者都已确认的基本设计方案，也是其他分项图纸的重要依据（图 1-2）。

平面布置图识读要点如下。

1. 分析空间设计

了解各空间的种类、名称及其使用功能，明确为满足设计功能而配置的设施种类、构造数量和配件规格等，从而与其他图纸相对照，以便制订加工及购货计划。

2. 文字标注

根据平面布置图上的文字标注确认地面饰面材料的种类、品牌和色彩要求，了解各饰面材料所应用的区域范围、尺寸规格及衔接关系等信息。

3. 尺寸

平面布置图上纵横交错地标注着许多尺寸数据，注意区分建筑尺寸和设计尺寸。在设计尺寸中，要分清定位尺寸、外形尺寸和构造尺寸，由此可确定各种应用材料的规格尺寸和材料之间、主体结构之间的连接方法，这也便于后期计算工程量。

4. 符号

如果平面布置图其后还有立面图、剖面图等图，还需要在平面图上标注出投影符号，明确投影面编号和投影方向，明确剖切位置及剖切后的投影方向，以便查阅相应的立面图、剖面图，了解该部位的施工方式。

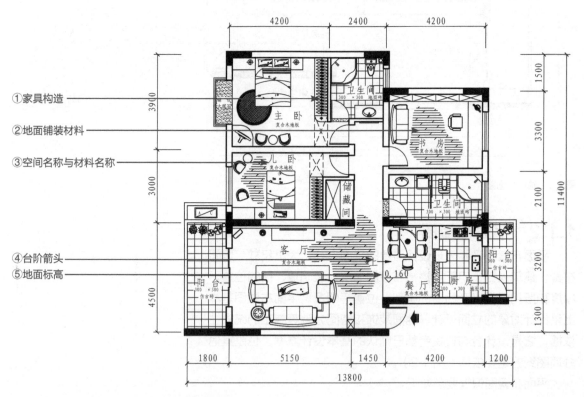

图 1-2 平面布置图

★补充要点★

图库与图集

绘制平面布置图时,一般需要加入大量家具、配饰、铺装图案等元素,以求得完美的图面效果,而临时绘制这类图样会消耗大量的时间和精力。为了提高图纸品质和工作效率,设计师会在图纸中使用大量成品图素材,这些并非最终设计效果,需要能够在识读时正确识别(图1-3)。

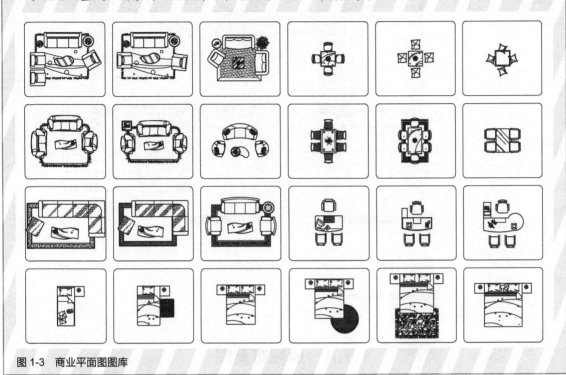

图1-3 商业平面图图库

1.1.3 地面铺装平面图

地面铺装平面图主要用于表现平面布置图中地面的构造设计和材料铺设的细节,是平面布置图的重要补充,设计对象的布局形式和地面铺装非常复杂时,需要单独绘制地面铺装图(图1-4)。

地面铺装平面图识读要点如下:

1)地面铺装平面图以平面布置图为基础,去除所有可以移动的构造与家具,如门扇、桌椅、沙发、茶几、电器、设备、饰品等,保留固定件,如隔墙、入墙柜体等,因为这些构造表面不需要铺设地面材料。应给每个空间标注文字说明,然后环绕着文字绘制地面铺装图样,要明确铺装面积,以便快速计算铺装工程量。

2)对不同种类的石材与地面砖材做具体文字说明,至于特别复杂的石材拼花图样,要绘制引出符号并在其后的图纸中绘制大样图。地面铺装平面图的绘制相对简单,但不可缺少。

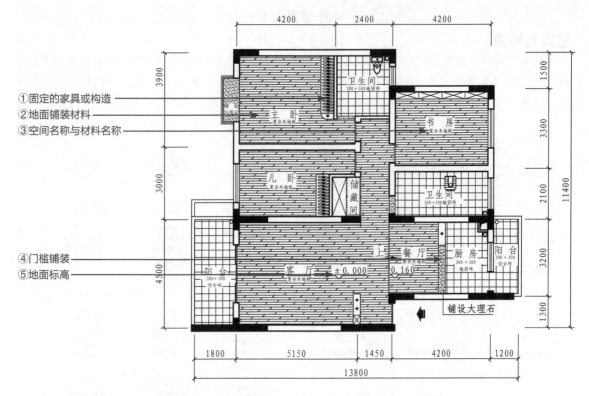

①固定的家具或构造
②地面铺装材料
③空间名称与材料名称

④门槛铺装
⑤地面标高

图 1-4　地面铺装平面图

1.1.4　顶棚布置图

顶棚布置图是以镜像投影法绘制的顶棚平面图，主要用来表现设计空间顶棚的平面布置状况和构造形态（图 1-5）。

顶棚布置图识读要点如下。

1. 尺寸构造

了解既定空间内顶棚的类型和尺寸，以便计算顶棚工程量，明确平顶处理及悬吊顶棚的分布区域和位置尺寸，了解顶棚设计项目与建筑主体结构的衔接关系。

2. 材料与工艺

熟悉顶棚设计的构造特点、各部位吊顶的龙骨种类、罩面板材质、安装施工方法等。通过查阅相应的剖面图及节点详图，明确主次龙骨的布置方向和悬吊构造，明确吊顶板的安装方式。如果有需要，还要标明所用龙骨主配件、罩面装饰板、填充材料、增强材料、饰面材料以及连接紧固材料的品种、规格、安装面积、设置数量，以便制定加工及购货计划。

3. 设备

了解吊顶内的设备、管道的布线情况，明确吊顶标高、造型形式和收边封口工艺。通过顶棚其他的配套图纸确定吊顶空间构造层及吊顶面音响、空调送风口、灯具、烟感器和喷淋头等设备的位置，明确隐蔽或明露要求以及各自的安装方法，明确工种分工、工序安排和施工步骤。

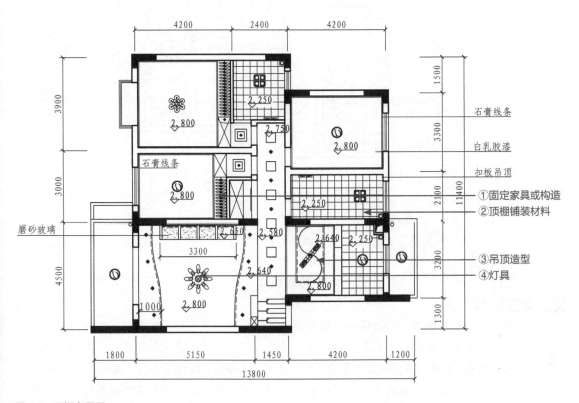

图 1-5　顶棚布置图

1.2　立面图识读

立面图一般采用相对标高，以室内地坪为基准，标明室内各部位的立面尺寸，其中室内墙面或独立构造的高度以常规形式标注。

1.2.1　立面图用途

立面图主要用于表现室内构造的垂直面，如墙面、家具构造面等。立面图应当与平面图、立面索引图相对应（图1-6），主要用于表现家居空间中各重要立面的形状构造、立面尺寸、相应位置和基础施工工艺（图1-7）。

①立面指引符号，上部为立面图流水号，下部为立面图图纸系列编号　②经过简化的平面布置图　③箭头方向表示立面投影方向

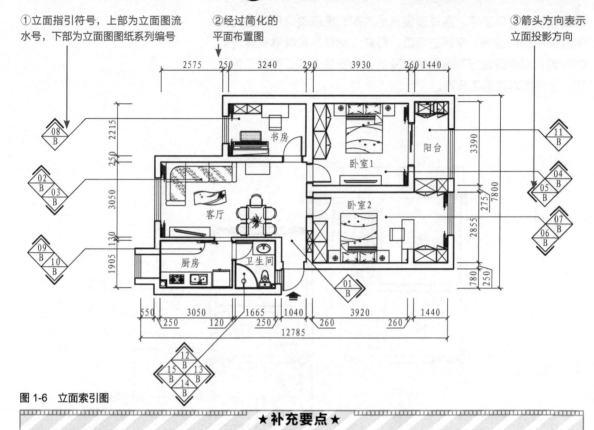

图 1-6　立面索引图

1.2.2　立面图识读要点

1）立面图须与平面图相匹配、相对应，明确其表示的投影面的水平位置及其轮廓形状、尺寸。

2）明确地面标高、楼面标高、地面起伏高度，以及工程项目所涉及的楼梯平台等有关部位的标高尺寸。

3）清楚了解每个立面上的装修构造层次及饰面类型，明确装饰面的材料要求和施工工艺要求。

4）立面图上设计部位与饰面的衔接处理方式较为复杂时，要同时查阅配套的构造节点图、细部大样图等，明确造型分格、图案拼接、收边封口的做法与尺寸。

5）熟悉装修构造与主体结构的连接固定要求，明确各种预埋件、后置埋件、紧固件和连接件的种类、布置间距、数量和处

理方法等详细信息。

6）配合设计说明，了解有关施工设置或固定设施在墙体上的安装构造，如果有需要预留的洞口、线槽或预埋的线管，提前明确其位置、尺寸，将其纳入施工计划。

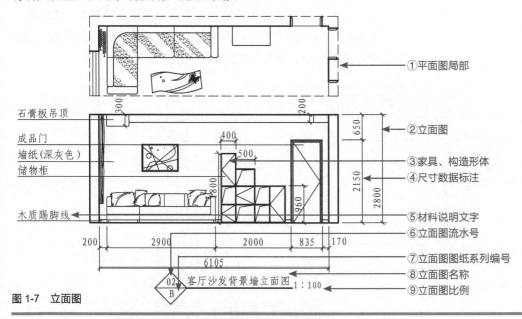

图1-7　立面图

1.3　构造详图识读

构造详图是将设计对象重要部位的整体或局部的放大，必要时甚至有剖面图，用以精确表达在普通平面图、立面图上难以表明的内部构造。构造详图主要包括剖面图、节点详图、大样图三种。

1.3.1　构造详图概念

构造详图弥补了装饰装修工程的各类平面图和立面图因比例较小而导致很多设计造型、创意细节、材料选用等信息无法表现或表现不清晰的缺陷，一般采用1：20、1：10、1：5、1：2等比例（图1-8）。

1.3.2　构造详图识读要点

1）剖面图的数量要根据具体设计情况和施工实际需要来决定。剖切面一般为横向，即平行于侧面，必要时也可纵向，即平行于正面，其位置选择很重要，要能反映内部复杂的构造与典型的部位。

2）节点详图是用来表现复杂构造的详细图样的，简称详图，它可以是常规平面图、立面图中复杂构造的直接放大图样，也可以是某构造经过剖切后的局部放大图样。这类图纸一般用于表现设计施工要点，主要针对复杂的构造，也可以从国家标准设计图集、已有图库中查阅并引用。

3）大样图是对某一特定图纸区域进行特殊性放大标注，能较详细地表示局部形体结构的图纸。大样图适合表现某些形状特殊、开孔或连接较复杂的零件或节点，在常规平面图、立面图、剖面图或节点详图表达不清楚时，就需要单独绘制大样图，它与节点详图一样，需要在图纸中标明相关图号。

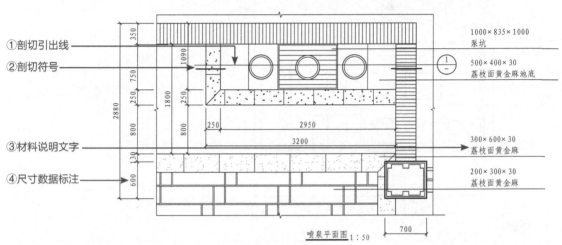

①剖切引出线
②剖切符号
③材料说明文字
④尺寸数据标注

1000×835×1000 泵坑
500×400×30 荔枝面黄金麻池底
300×600×30 荔枝面黄金麻
200×300×30 荔枝面黄金麻

喷泉平面图 1:50

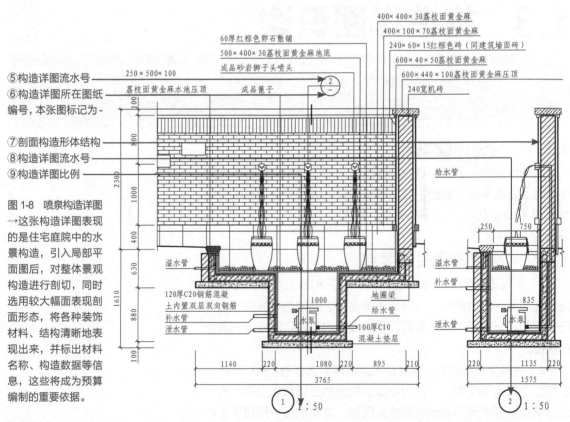

⑤构造详图流水号
⑥构造详图所在图纸编号，本张图标记为-
⑦剖面构造形体结构
⑧构造详图流水号
⑨构造详图比例

图1-8 喷泉构造详图
→这张构造详图表现的是住宅庭院中的水景构造，引入局部平面图后，对整体景观构造进行剖切，同时选用较大幅面表现剖面形态，将各种装饰材料、结构清晰地表现出来，并标出材料名称、构造数据等信息，这些将成为预算编制的重要依据。

1.4 水电图识读

水电图是指水路图与电路图，这些都是家居装修设计中不可或缺的组成部分。水电工程构造复杂，需要根据水电图进行精确的测量、比对，最终得出比较准确的工程量与装修预算数据。

1.4.1 水路图

水路图主要包含给水管、排水管的布置；管道型号；配套设施布局等内容，水路图能使整体设计功能更加齐备，保证后期给排水管道的正常施工（图 1-9）。

水路图识读要点如下。

1. 正确认识图例

给水排水工程图中的管道、附件、管道连接件、阀门、卫生器具、水池、设备、仪表等，都要采用统一的图例表示。

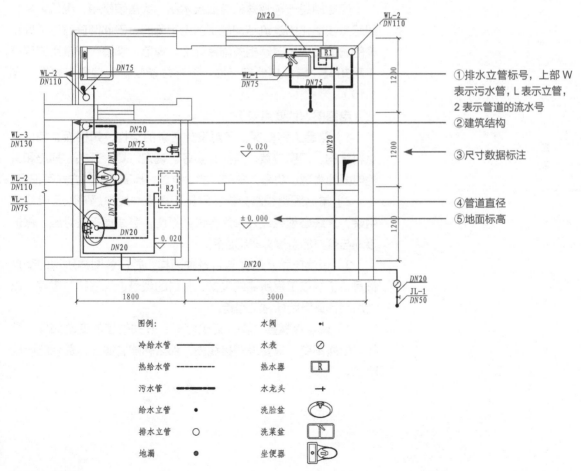

① 排水立管标号，上部 W 表示污水管，L 表示立管，2 表示管道的流水号
② 建筑结构
③ 尺寸数据标注
④ 管道直径
⑤ 地面标高

图 1-9 水路图

2. 辨清管线流程

给水排水工程中的管道很多，通常分成给水系统和排水系统。干管、支管按固定顺序与具体设备相连接，如室内给水系统为：进户管（引入管）→水表→干管→立管→支管→用水设备；室内排水系统为：排水设备→支管→立管→干管→户外排出管。

常用 J 作为给水系统和给水管的代号，用 F 作为废水系统和废水管的代号，用 W 作为污水系统和污水管的代号，现代住宅、商业空间和办公空间的排水管道基本都以 W 为统一标识。

3. 配合土建施工图

由于给水排水工程图中，管道设备的安装需与土建施工密切配合，所以给水排水施工图也应与土建施工图（包括建筑施工图和结构施工图）密切配合，在留洞、预埋件、管沟等方面对土建的要求须在图纸上表明，后期计算水路耗材量时仍需参考土建施工图。

1.4.2 电路图

电路图是一种特殊的专业技术图，家居装修中，电气设备和线路是在简化的建筑结构施工图上绘制的，因此阅读时应掌握正确的看图方法，了解相关国家标准、规范，掌握一些常用的电气工程知识，结合其他施工图，这样才能较快地读懂电路图（图1-10）。

电路图识读要点如下：

1）熟悉工程概况，了解设计对象的结构，如楼板、墙面、材料结构、门窗位置、房间布置等。确定灯具、开关、插座和其他电器的类型、功率、安装方式、位置、标高、控制方式等信息。

2）常用照明线路分析：灯具和插座一般都是并联于电源的两端，火线必须经过开关后再进入灯座，零线直接进灯座，保护接地与灯具的金属外壳相连接。

3）识读电路图时要结合各种图样，并注意图样所用的图形符号，了解该工程所需的设备、材料的型号、规格和数量等，以便后期计算电路耗材工程量。

4）重点掌握接线图，无论灯具、开关位置的变动如何，接线图始终不变，只要理解接线图，那么就能看懂任何复杂的电路图了。

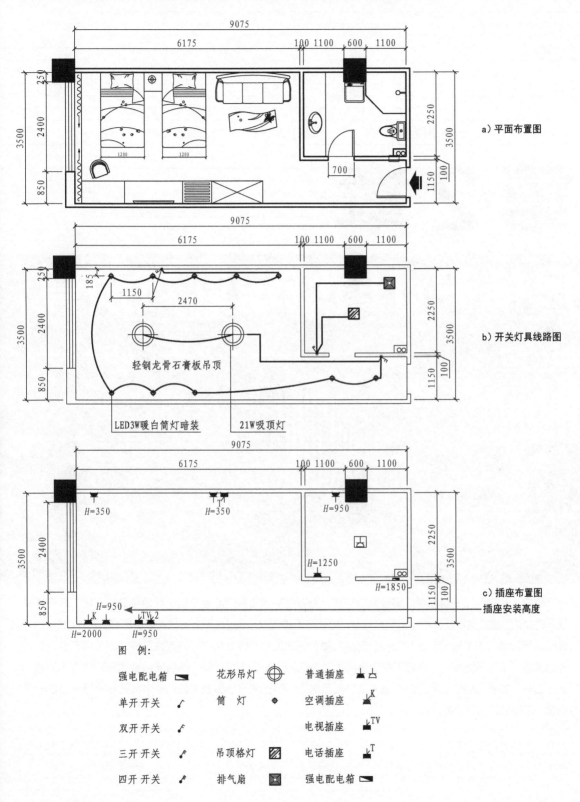

a）平面布置图

b）开关灯具线路图

轻钢龙骨石膏板吊顶

LED3W暖白筒灯暗装   21W吸顶灯

c）插座布置图
插座安装高度

图 例：

强电配电箱		花形吊灯		普通插座	
单开开关		筒 灯		空调插座	
双开开关				电视插座	
三开开关		吊顶格灯		电话插座	
四开开关		排气扇		强电配电箱	

图 1-10　电路图

第2章

风格设计图纸识读与预算

识读难度：★★★☆☆

重点概念：现代简约风格、混搭风格、中式风格、
欧式风格、东南亚风格、地中海风格、
美式风格、田园风格

章节导读：风格流派一直都是装饰装修的灵魂，没有风格或风格混乱都会让设计显得昙花一现，想要提升设计的品位，就应当在设计中注入风格特点，它是历史的沉淀，是经过岁月筛选的设计精华。在现代装修中，比较流行的风格主要有现代简约风格、混搭风格、中式风格、欧式风格、东南亚风格、地中海风格、美式乡村风格、田园风格等，在选择风格时要深入了解这些风格的历史渊源，结合使用者的爱好与文化品位，不可盲从。本章案例中的预算表数据为项目实际结果，因无法展示案例全貌，表中数据与平面图存在一定偏差，案例数据仅供参考。

2.1 现代简约风格识图与预算

现代简约风格即指现代主义风格，又称功能主义，是工业社会的产物。该风格提倡突破传统、创造革新，重视功能和空间组织，注重体现结构本身的形式美，造型简洁，反对多余装饰，崇尚尊重材料的特性，讲究展现材料自身的质地和色彩。

现代简约风格的特色是将设计元素、色彩、照明、原材料简化至最少的程度，但对色彩、材料的质感要求很高。因此，现代简约风格的空间通常设计思想非常含蓄，往往能达到以少胜多、以简胜繁的效果，而且这样的空间总是能节省出许多的预算费用（图 2-1、图 2-2）。

图 2-1 现代简约风格客厅与餐厅

图 2-2 现代简约风格客厅

2.1.1 现代简约风格的建材预算

1. 复合地板

现代简约风格不同于其他风格，其他风格会在客厅及餐厅的地面满铺瓷砖或大理石，而现代简约风格则是将复合地板满铺在客厅与餐厅区域，通常以浅色系的地板为主，搭配简洁的墙面造型（图 2-3）。

2. 木饰墙面板

木饰墙面板通常造型简洁，多用在电视背景墙或其他集中展示装饰的位置，是大面积的木饰面纹理与不锈钢收边条结合而成的整体装饰（图 2-4）。

3. 装饰玻璃

装饰玻璃可以塑造丰富的空间视觉效果。例如，雾面朦胧的玻璃与线条图案的随意组合常用来暗示空间的变化（图 2-5）。

图 2-3 复合地板，125 ~ 150 元 /m²

图 2-4 木饰墙面板，100 ~ 120 元 / 张

图 2-5 装饰玻璃，45 ~ 60 元 /m²

4. 珠线帘

在现代简约风格中，可以选择珠线帘代替墙和玻璃，珠线帘作为轻盈、透气的软隔断，既能划分区域，又不影响采光，同时还能体现出居室的美感（图 2-6）。

5. 纯色涂料

纯色涂料是装修中常见的装饰涂料，其色彩丰富、易于涂刷。现代简约风格装修中，常用纯色涂料将空间塑造得干净、通透（图 2-7）。

6. 黑镜

黑镜通常以竖条的形式出现，主要是与白色的石膏板墙面造型相搭配，使墙面看起来富有对比（图 2-8）。

图 2-6 珠线帘，55 ~ 70 元 /m²

图 2-7 纯色涂料，120 ~ 150 元 /L

图 2-8 黑镜，80 ~ 100 元 /m²

2.1.2 现代简约风格的家具预算

1. 造型茶几

现代简约风格多选择造型感极强的茶几作为装点元素，茶几

在功能上使用方便，具有流动感的现代造型也使其成为空间装饰的一部分（图 2-9）。

2. 躺椅

根据人体工程学设计的躺椅具有舒适的坐卧感，造型是优美灵动的弧线，材质多采用具有时尚感的皮革，将躺椅摆放在空间一侧，同样可以成为空间的装饰（图 2-10）。

图 2-9　造型茶几，500 ~ 600 元 / 张

图 2-10　躺椅，1300 ~ 1500 元 / 把

3. 布艺沙发

布艺沙发多为纯色系，不用大花纹或条纹的样式，同时沙发从造型到结构都以舒适为先决条件，整体造型既简洁又富有美感（图 2-11）。

4. 线条简练的板式家具

追求造型简洁的特性使板式家具成为此风格的最佳搭配伙伴，以茶几和电视机背景墙的装饰柜为常见搭配（图 2-12）。

图 2-11　布艺沙发，3100 ~ 3300 元 / 套

图 2-12　板式装饰柜组合，4000 ~ 4200 元 / 组

5. 多功能家具

面积有限的中小户型多会选择简约的设计，在选择家具时以多功能家具为主，实现一物两用，甚至多用（图 2-13）。

6. 直线条家具

现代简约风格的家具多为直线条造型，横平竖直的家具不会占用过多的空间面积，同时也十分实用（图 2-14）。

图 2-13　多功能家具，3300 ～ 3500 元 / 套

图 2-14　直线条家具，2950 ～ 3200 元 / 套

2.1.3　现代简约风格的装饰品预算

1. 抽象艺术画

装饰画以抽象画为主，画面充满了各种鲜艳的颜色。这类装饰画悬挂在现代简约风格的空间中，既能增添空间的时尚感，又能提升空间的视觉观赏性，还能体现空间主人的文化品位（图 2-15）。

2. 无框画

无框画没有边框，很适合现代简约风格的墙面造型，无框画可以与墙面的造型很好地融合，同时也能有效增强空间设计的整体感（图 2-16）。

3. 黑白装饰画

现代简约风格的家居配色简洁，装饰画也延续了这一风格。黑白装饰画虽然简单，却十分经典，非常适用于现代简约风格空间。选购时尽量选择单幅作品，一组之中最多不要超过三幅（图 2-17）。

4. 时尚灯具

不锈钢材质的落地灯、线条简洁硬朗的装饰台灯对空间起到辅助性照明作用的同时，还能对空间起到装饰作用。这类灯具的装饰性大过其本身的功能性（图 2-18）。

5. 金属工艺品

金属工艺品的造型十分丰富，或是人物的抽象造型，或是某种建筑的微观模型等，其表面的金属光泽十分亮眼，多摆放在客厅、书房等区域，能提升空间的趣味性（图 2-19）。

图 2-15　抽象艺术画，500 ~ 700 元 / 组

图 2-16　无框画，250 ~ 350 元 / 组

图 2-17　黑白装饰画，250 ~ 300 元 / 组

图 2-18　落地灯，280 ~ 350 元 / 盏

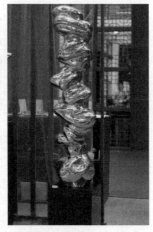
图 2-19　金属工艺品，
600 ~ 700 元 / 件

2.1.4　现代简约风格设计图纸与预算

这是一套建筑面积约 58m² 的小户型，含卧室、客厅餐厅、厨房、卫生间各一间，另含朝北的阳台一处。

对于刚进入职场的年轻人与刚迈入婚姻的年轻夫妇来说，这里承载着对美好人生的憧憬，是心里最温馨的港湾。改造设计能使空间利用效率最大化，同时打造出符合现代年轻人生活方式的时尚空间（图 2-20 ~ 图 2-28、表 2-1）。

图 2-20 原始平面图

→优点：这套小居室虽然面积不大，却胜在户型方正，各功能区域分布紧凑，基本没有畸零空间，空间浪费少。

缺点：相对于整个居室面积而言，阳台所占空间比例较大，对于小户型来说有些奢侈。尤其是阳台还用栏杆分隔出专用的空调放置区，着实浪费。

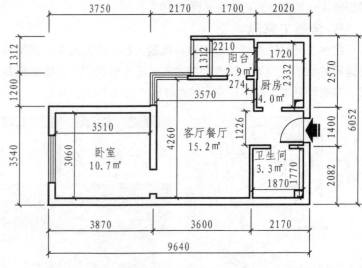

图 2-21 平面布置图

①拆除阳台与空调放置区之间的栏杆，拆除阳台两面外墙的部分墙体，安装 5mm + 9A + 5mm 的中空钢化玻璃，形成通透封闭式落地窗，靠窗摆放各种绿植，打造室内田园

②拆除厨房与阳台之间的隔墙，将阳台并入室内空间，大大增加了空间使用面积

③封闭原厨房的开门，改变原有的餐厨分布，打造全新的餐厨空间

④以 8mm 厚钢化玻璃为隔断，将餐厨空间与客厅划分开，方便在客厅进行视听及会客活动

⑤将卫生间的开门靠墙角设置，避免与入户大门相互影响

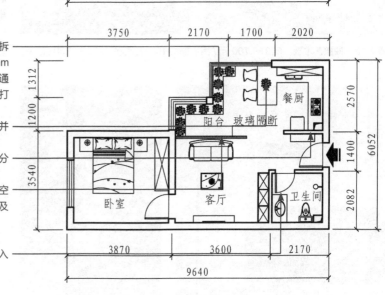

图 例：

花形吊灯

筒 灯

餐厅吊灯

吸顶灯

浴 霸

吊顶格灯

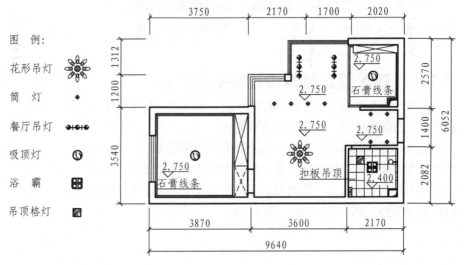

图 2-22 顶棚布置图

图 2-23 客厅（一）

↑在客厅的电视机背景墙上镶嵌大面积玻璃镜，能在视觉上有效拉大居室的空间面积，使空间更通透、大气，非常适用于小户型。

图 2-24 客厅（二）

↑以钢化玻璃作为室内空间的隔断，能让空间在视觉上有区分，同时又不会显得闭塞、沉闷。

图 2-25 客厅（三）

↑在小户型改造装修中设计大面积的落地窗，不仅能有效增强居室的通透感，还能大大增加室内的采光。

图 2-26 厨房餐厅

↑黑、白、灰的中性色系搭配尤其受年轻人的青睐，这种色系能突显出年轻人简单、直接的个性。

图 2-27 卧室（一）

↑双层窗帘是近年来家居装修中使用最广泛的窗帘样式，它不仅具有视觉上的层次美，还能满足人们对居室光线的各种要求。

图 2-28 卧室（二）

↑在床头挂置装饰画，美化墙面的同时，还能彰显出居室主人独具个性的审美情趣，为卧室增添独特的韵味。

表 2-1　装修预算表

序号	项目名称	单位	数量	单价/元	合计/元	材料工艺及说明
一、基础工程						
1	墙体拆除	m²	19.6	75.0	1470.0	拆墙、渣土装袋，包清运，人工、主材、辅材全包
2	墙体砌筑	m²	2.8	150.0	420.0	水泥砂浆，厚100mm的轻质砌块，抹灰找平，人工、主材、辅材全包
3	家具与门窗拆除	m²	1.9	105.0	199.5	拆除、渣土装袋，包清运，人工、主材、辅材全包
4	其他局部改造	项	1.0	1500.0	1500.0	整个住宅局部修饰、改造、修补、复原，人工、主材、辅材全包
5	电路工程改造	m	137.9	56.0	7722.4	BVR铜线，照明、插座线路2.5mm²，空调线路4mm²，国标网络线、PVC绝缘管改造，人工、主材、辅材全包
6	水路工程改造	m	9.9	65.0	643.5	PPR管给水，PVC管排水，人工、主材、辅材全包
7	厨房、卫生间、阳台防水	m²	28.8	85.0	2448.0	堵漏王局部填补，911聚氨酯防水涂料涂刷1遍，K11防水涂料涂刷2遍，人工、主材、辅材全包
	合计				14403.4	
二、客厅、走道、阳台、餐厅、厨房工程						
1	石膏板吊顶	m²	15.2	125.0	1900.0	木龙骨木芯板基层，石膏板吊顶，人工、主材、辅材全包
2	墙面、顶棚涂乳胶漆	m²	84.4	30.0	2532.0	石膏粉修补基础，成品腻子粉满刮2遍，砂纸打磨，乳胶漆滚涂2遍，人工、主材、辅材全包
3	电视背景墙	m²	8.2	320.0	2624.0	根据施工图施工，人工、主材、辅材全包
4	入户大门	套	1.0	1500.0	1500.0	成品钢制防盗门，人工、主材、辅材全包
5	走道鞋柜	m²	0.8	750.0	600.0	E0级生态板制作柜体，含各类五金件，人工、主材、辅材全包

（续）

序号	项目名称	单位	数量	单价/元	合计/元	材料工艺及说明
6	客厅储物柜	m²	4.3	750.0	3225.0	E0 级生态板制作柜体，含各类五金件，人工、主材、辅材全包
7	实木踢脚线	m	17.2	35.0	602.0	柚木成品踢脚线，人工、主材、辅材全包
8	地面铺装实木地板	m²	24.1	260.0	6266.0	木龙骨木芯板基层，铺装柚木地板，人工、主材、辅材全包
9	成品橱柜	m²	2.9	1560.0	4524.0	成品橱柜，人工、主材、辅材全包
10	内置搁板柜	m²	0.5	650.0	325.0	成品橱柜，人工、主材、辅材全包
11	厨房铝扣板吊顶	m²	4.3	120.0	516.0	厚0.8mm的铝合金扣板吊顶，人工、主材、辅材全包
12	阳台铺装墙砖、地砖	m²	4.5	175.0	787.5	水泥砂浆铺贴墙砖、地砖，人工、主材、辅材全包
	合计				25401.5	

三、卫生间工程

序号	项目名称	单位	数量	单价/元	合计/元	材料工艺及说明
1	铝扣板吊顶	m²	3.3	75.0	247.5	厚0.8mm的铝合金扣板吊顶，人工、主材、辅材全包
2	墙面、地面铺贴瓷砖	m²	20.7	175.0	3622.5	水泥砂浆铺贴墙砖、地砖，人工、主材、辅材全包
3	卫生间铝合金门	扇	1.0	650.0	650.0	铝合金外包内开门，人工、主材、辅材全包
4	卫生间门槛	m	0.8	320.0	256.0	黑色人造石英石，含磨边加工，人工、主材、辅材全包
	合计				4776.0	

四、卧室工程

序号	项目名称	单位	数量	单价/元	合计/元	材料工艺及说明
1	石膏线条	m	13.0	35.0	455.0	宽100mm的石膏线条，高强度石膏粉粘贴，人工、主材、辅材全包
2	墙面、顶棚涂乳胶漆	m²	36.9	30.0	1107.0	石膏粉修补基础，成品腻子粉满刮2遍，砂纸打磨，乳胶漆滚涂2遍，人工、主材、辅材全包

（续）

序号	项目名称	单位	数量	单价/元	合计/元	材料工艺及说明
3	成品卧室门	套	1.0	2200.0	2200.0	成品烤漆实木门，含双面包门套，人工、主材、辅材全包
4	衣柜	m²	7.2	820.0	5904.0	E0级生态板制作柜体，含各类五金件，人工、主材、辅材全包
5	实木踢脚线	m	10.4	35.0	364.0	柚木成品踢脚线，人工、主材、辅材全包
6	地面铺装实木地板	m²	10.5	260.0	2730.0	木龙骨木芯板基层，铺装柚木地板，人工、主材、辅材全包
	合计				12760.0	
五、工程直接费					57340.9	上述项目之和
六、设计费		m²	58.0	60.0	3480.0	现场测量、绘制施工图、绘制效果图、预算报价，按建筑面积计算
七、工程管理费					5734.1	工程直接费×10%
八、税金					2276.2	（工程直接费+设计费+工程管理费）×3.42%
九、工程总造价					68831.2	工程直接费+设计费+工程管理费+税金

注：此预算不含物业管理与行政管理所产生的费用，物业管理与行政管理的费用不由甲方承担。施工中项目和数量如有增加或减少，则按实际施工项目和数量结算工程款。以上不包含购置壁纸、家具、空调、窗帘、灯具、洁具等的费用。

2.2 混搭风格识图与预算

混搭风格糅合东西方美学的精华元素，将古今文化内涵完美地融于一体，充分利用空间形式与材料，创造出个性化的家居环境。混搭并不是简单地将各种风格的元素放在一起做加法，而是将它们有主有次地组合在一起。混搭是否成功，关键看搭配是否和谐。

混搭风格的设计不是要在大件家具上多花钱，而是选择小件、有品质的装饰品来提升空间品位，以节省预算支出（图2-29）。

图 2-29 混搭风格客厅

2.2.1 混搭风格的建材预算

1. 中式仿古墙

可以在现代风格的空间中设计一面中式仿古墙，既区别于新中式风格，又可以令空间独具韵味（图 2-30）。

2. 石膏雕花线条

直线条的流畅感搭配雕花工艺的繁复感，可以令混搭风格的家居变得更加丰富多彩。例如，选择石膏雕花线条的吊顶，既能丰富吊顶的材质变化，同时也能丰富吊顶的层次感（图 2-31）。

3. 深色实木线条

深色实木线条可以用在混搭风格的吊顶中作为吊顶造型，或用在墙面上，搭配欧式纹路的大花壁纸。这样设计出来的混搭风格空间，具有沉稳的古朴质感（图 2-32）。

图 2-30 石料仿古墙，60 ~ 70 元 /m²

图 2-31 石膏雕花线条，25 ~ 30 元 / 件

图 2-32 深色实木线条，50 ~ 70 元 /m

2.2.2 混搭风格的家具预算

1. 现代家具搭配中式古典家具

在混搭风格中，现代家具与中式古典家具相搭配的手法十分常见，但中式家具不宜过多，否则会显得居室杂乱无章（图2-33）。

2. 美式家具搭配工业风灯具

用美式三人座沙发搭配工业风落地灯，这种组合可以带给人多样的坐卧感受（图2-34）。

3. 欧式茶几搭配现代皮革沙发

这种混搭的关键在于，欧式茶几的色调需要和皮革沙发的色调保持一致，并且欧式茶几不可太大，不然会抢占现代皮革沙发的摆放面积，从茶几上拿东西也不方便（图2-35）。

图2-33 中式古典家具，6300～6500元/套

图2-34 美式家具搭配工业风灯具，4300～4500元/套

图2-35 欧式茶几搭配现代皮革沙发，4800～5000元/套

2.2.3 混搭风格的装饰品预算

1. 搭配中式家具的现代装饰画

先摆放典雅的中式家具，然后在墙面或家具上挂或摆上现代装饰画，这样的装饰手法非常讨巧，其中现代装饰画的边框最好是木框（图2-36）。

2. 现代灯具搭配中式元素

选择一盏具有现代特色的灯具来定义前卫与时尚，然后在室内加入一些中式元素，如中式木挂、中式雕花家具等（图2-37）。

3. 现代装饰品与中式装饰品混搭

现代装饰品的时尚感与中式装饰品的古典美，可以令混搭风格的居室更具品位（图2-38）。

4. 民族工艺品搭配现代工艺品

民族工艺品一般独具特色，具有很强的装饰性，搭配现代工艺品，主次分明，令混搭风格不显杂乱（图 2-39）。

5. 中式工艺品搭配欧式工艺品

中式工艺品与欧式工艺品的装饰特征均十分明显，可以令混搭效果艺术感十足，且能有效增加空间的层次感（图 2-40）。

图 2-36 木框结构的现代
装饰画，150 ~ 200 元 / 组

图 2-37   现代风格灯具，
500 · 600 元 / 件

图 2-38   现代装饰品与中式装饰品混搭，
80 ~ 120 元 / 件

图 2-39 民族工艺品搭配现代工艺品，150 ~ 200 元 / 套

图 2-40 中式工艺品搭配欧式工艺品，350 ~ 400 元 / 套

2.2.4   混搭风格设计图纸与预算

这是一套建筑面积约 92m² 的三居室户型，含卧室三间、卫生间一间，客厅餐厅、厨房各一间，朝北面的阳台一处。

房子是砖混结构的，房型也属于传统的老式三房两厅户型，原本的三口之家变成五口之家了，改造时要保留三间卧室，父母一间、年轻夫妻一间，还有一间作为儿童房（图 2-41 ~ 图 2-49、表 2-2）。

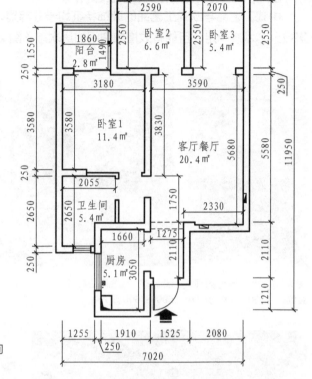

图 2-41　原始平面图

→优点：房屋浪费空间少，紧凑实用。

缺点：老式房屋中 250mm 厚的内隔墙会造成过多的空间浪费。

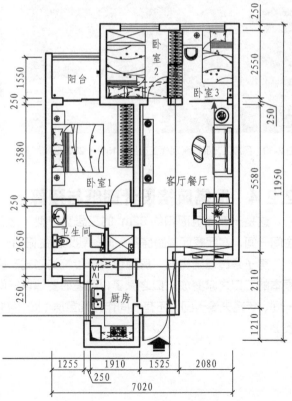

图 2-42　平面布置图

①在卧室 3 与客厅间设置 20mm 厚实木框架，镶透明玻璃推拉门，省去了传统开门中隔墙所占用的空间，增加了卧室的可用面积

②拆除卧室 2 与卧室 3 之间的隔墙，设置衣柜代替隔墙，分别向卧室 2 与卧室 3 两面开门，同时满足了两间卧室的收纳需求

③将入户大门一侧的墙体拆除 100mm 的厚度，设置长1800mm、宽 300mm 的装饰柜作为入户鞋柜，这既能有效利用墙体空间，又为居室增添了收纳空间

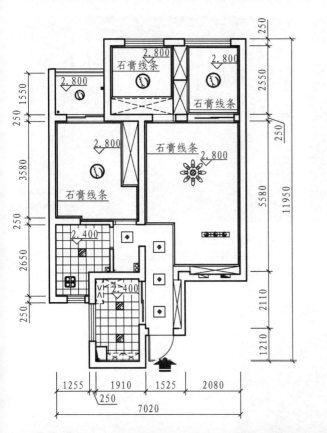

图 例:

花形吊灯　✸

筒　灯　•

餐厅吊灯　◖◗◉◖◗

吸顶灯　◎

浴　霸　▦

吊顶格灯　◪

图 2-43　顶棚布置图

图 2-44　客厅（一）

↑儿童房以推拉门取代传统单开式房门，推拉门采用中式雕花边框镶嵌 5mm 厚钢化玻璃，对于隐私要求不高的儿童房来说，玻璃的透明属性所带来的空间开阔感更实用。

图 2-45　客厅（二）

↑电视机背景墙上的立体墙贴与墙面铺贴的墙纸属同一色系，平面的墙纸与立体的墙贴相搭配，使背景墙展现出既和谐又层次丰富的视觉效果。

图 2-46　客厅（三）

↑灯光在装饰装修中起着至关重要的作用，每一个重要区域都需要至少三至五个不同的光源来满足照明需求，以丰富空间的光线层次。

图 2-47　餐厅

←餐厅与客厅在空间上没有明确的分区，用深色的胡桃木作为餐厅背景墙，与同一墙面的客厅沙发背景墙做出区分，在视觉上达到分区的效应。

图 2-48　卧室 1

↑主卧室中的床头背景墙与床头柜均用柚木制作。在装修时，可以将不好搬运或造型简单的家具交给木工现场制作，工艺烦琐的部分可自行选购。选购的家具要与木工现场制作的家具在材质、颜色上保持一致。

图 2-49　卧室 2

↑越来越多的人选择混搭风格，因为可以将家庭成员喜欢的各种不同的风格糅合在一起。但是要注意的是，在混搭风格装修中，要保持某一局部空间风格的统一，切忌在一个原本不大的局部空间中掺杂多种不同风格，这会显得该局部空间凌乱不堪。

表 2-2　装修预算表

序号	项目名称	单位	数量	单价 / 元	合计 / 元	材料工艺及说明
一、基础工程						
1	墙体拆除	m²	12.4	75.0	930.0	拆墙、渣土装袋，包清运，人工、主材、辅材全包
2	其他局部改造	项	1.0	1500.0	1500.0	整个住宅局部修饰、改造、修补、复原，人工、主材、辅材全包
3	电路工程改造	m	268.3	56.0	15024.8	BVR 铜线，照明、插座线路 2.5mm²，空调线路 4mm²，国标网络线、PVC 绝缘管改造，人工、主材、辅材全包
4	水路工程改造	m	38.3	65.0	2489.5	PPR 管给水，PVC 管排水，人工、主材、辅材全包
5	厨房、卫生间、阳台防水	m²	32.2	85.0	2737.0	堵漏王局部填补，911 聚氨酯防水涂料涂刷 1 遍，K11 防水涂料涂刷 2 遍，人工、主材、辅材全包
	合计				22681.3	
二、客厅、餐厅、走道工程						
1	实木线条	m	17.6	70.0	1232.0	宽 100mm 的实木线条，人工、主材、辅材全包
2	墙面、顶棚涂乳胶漆	m²	85.1	30.0	2553.0	石膏粉修补基础，成品腻子粉满刮 2 遍，砂纸打磨，乳胶漆滚涂 2 遍，人工、主材、辅材全包
3	电视背景墙	m²	10.7	320.0	3424.0	根据施工图施工，人工、主材、辅材全包
4	餐厅墙面装饰板	m²	4.1	350.0	1435.0	根据施工图施工，人工、主材、辅材全包
5	入户大门	套	1.0	1500.0	1500.0	成品钢制防盗门，人工、主材、辅材全包
6	走道鞋柜	m²	1.6	750.0	1200.0	E0 级生态板制作柜体，含各类五金件，人工、主材、辅材全包
7	客厅储物柜	m²	1.1	750.0	825.0	E0 级生态板制作柜体，含各类五金件，人工、主材、辅材全包
8	实木踢脚线	m	20.0	35.0	700.0	柚木成品踢脚线，人工、主材、辅材全包
9	地面铺装实木地板	m²	24.3	260.0	6318.0	木龙骨木芯板基层，铺装柚木地板，人工、主材、辅材全包

（续）

序号	项目名称	单位	数量	单价/元	合计/元	材料工艺及说明
10	包管套	m	5.6	155.0	868.0	木龙骨木芯板基层，成品水泥板包管套，人工、主材、辅材全包
	合计				20055.0	
三、厨房工程						
1	铝扣板吊顶	m²	4.8	120.0	576.0	厚0.8mm的铝合金扣板吊顶，人工、主材、辅材全包
2	墙面、地面铺贴瓷砖	m²	27.4	175.0	4795.0	水泥砂浆铺贴墙砖、地砖，人工、主材、辅材全包
3	成品橱柜	m²	2.7	1560.0	4212.0	成品橱柜，人工、主材、辅材全包
4	内置搁板柜	m²	1.8	650.0	1170.0	成品橱柜，人工、主材、辅材全包
5	厨房推拉门	m²	3.2	450.0	1440.0	铝合金成品门，含滑柜，人工、主材、辅材全包
6	厨房推拉门单面包门套	m	5.6	150.0	840.0	成品门套，人工、主材、辅材全包
7	外挑窗台	m	1.4	320.0	448.0	白色人造石英石，含磨边加工，人工、主材、辅材全包
8	厨房门槛	m	1.6	320.0	512.0	黑色人造石英石，含磨边加工，人工、主材、辅材全包
	合计				13993.0	
四、卫生间工程						
1	铝扣板吊顶	m²	5.4	75.0	405.0	厚0.8mm的铝合金扣板吊顶，人工、主材、辅材全包
2	墙面、地面铺贴瓷砖	m²	28.0	175.0	4900.0	水泥砂浆铺贴墙砖、地砖，人工、主材、辅材全包
3	卫生间铝合金门	扇	1.0	650.0	650.0	铝合金外包内开门，人工、主材、辅材全包
4	卫生间门槛	m	0.8	320.0	256.0	黑色人造石英石，含磨边加工，人工、主材、辅材全包
5	包管套	m	2.8	155.0	434.0	木龙骨木芯板基层，成品水泥板包管套，人工、主材、辅材全包
	合计				6645.0	

（续）

序号	项目名称	单位	数量	单价 / 元	合计 / 元	材料工艺及说明
五、卧室 1 工程						
1	石膏线条	m	13.5	35.0	472.5	宽 100mm 的石膏线条，高强度石膏粉粘贴，人工、主材、辅材全包
2	墙面、顶棚涂乳胶漆	m²	39.9	30.0	1197.0	石膏粉修补基础，成品腻子粉满刮 2 遍，砂纸打磨，乳胶漆滚涂 2 遍，人工、主材、辅材全包
3	成品房间门	套	1.0	2200.0	2200.0	成品烤漆实木门，含双面包门套，人工、主材、辅材全包
4	衣柜	m²	6.6	820.0	5412.0	E0 级生态板制作柜体，含各类五金件，人工、主材、辅材全包
5	实木踢脚线	m	11.3	35.0	395.5	柚木成品踢脚线，人工、主材、辅材全包
6	地面铺装实木地板	m²	11.4	260.0	2964.0	木龙骨木芯板基层，铺装柚木地板，人工、主材、辅材全包
	合计				12641.0	
六、卧室 2 工程						
1	石膏线条	m	8.9	35.0	311.5	宽 100mm 的石膏线条，高强度石膏粉粘贴，人工、主材、辅材全包
2	墙面、顶棚涂乳胶漆	m²	23.1	30.0	693.0	石膏粉修补基础，成品腻子粉满刮 2 遍，砂纸打磨，乳胶漆滚涂 2 遍，人工、主材、辅材全包
3	成品房间门	套	1.0	2200.0	2200.0	成品烤漆实木门，含双面包门套，人工、主材、辅材全包
4	衣柜	m²	3.6	820.0	2952.0	E0 级生态板制作柜体，含各类五金件，人工、主材、辅材全包
5	实木踢脚线	m	7.0	35.0	245.0	柚木成品踢脚线，人工、主材、辅材全包
	合计				6401.5	
七、阳台工程						
1	墙面、顶棚涂乳胶漆	m²	9.8	30.0	294.0	石膏粉修补基础，成品腻子粉满刮 2 遍，砂纸打磨，乳胶漆滚涂 2 遍，人工、主材、辅材全包

（续）

序号	项目名称	单位	数量	单价/元	合计/元	材料工艺及说明
2	阳台推拉门	m²	2.9	450.0	1305.0	铝合金成品门，含滑柜，人工、主材、辅材全包
3	阳台推拉门双面包门套	m	5.4	150.0	810.0	成品门套，人工、主材、辅材全包
4	阳台铺装地砖	m²	2.8	175.0	490.0	水泥砂浆铺贴地砖，人工、主材、辅材全包
	合计				2899.0	

八、卧室3工程

序号	项目名称	单位	数量	单价/元	合计/元	材料工艺及说明
1	石膏线条	m	9.7	35.0	339.5	宽100mm的石膏线条，高强度石膏粉粘贴，人工、主材、辅材全包
2	墙面、顶棚涂乳胶漆	m²	20.7	30.0	621.0	石膏粉修补基础，成品腻子粉满刮2遍，砂纸打磨，乳胶漆滚涂2遍，人工、主材、辅材全包
3	成品房间门	套	1.0	2200.0	2200.0	成品烤漆实木门，含双面包门套，人工、主材、辅材全包
4	衣柜	m²	3.6	820.0	2952.0	E0级生态板制作柜体，含各类五金件，人工、主材、辅材全包
5	包管套	m	2.8	155.0	434.0	木龙骨木芯板基层，成品水泥板包管套，人工、主材、辅材全包
6	书桌	m²	0.8	750.0	600.0	E0级生态板制作书桌，含各类五金件，人工、主材、辅材全包
7	实木踢脚线	m	8.0	35.0	280.0	柚木成品踢脚线，人工、主材、辅材全包
8	地面铺装实木地板	m²	5.9	260.0	1534.0	木龙骨木芯板基层，铺装柚木地板，人工、主材、辅材全包
	合计				8960.5	
九、工程直接费					94276.0	上述项目之和
十、设计费		m²	92.0	60.0	5520.0	现场测量、绘制施工图、绘制效果图、预算报价，按建筑面积计算
十一、工程管理费					9427.6	工程直接费×10%

（续）

序号	项目名称	单位	数量	单价 / 元	合计 / 元	材料工艺及说明
十二、税金					3735.5	（工程直接费＋设计费＋工程管理费）× 3.42%
十三、工程总造价					112959.4	工程直接费＋设计费＋工程管理费＋税金

注：此预算不含物业管理与行政管理所产生的费用，物业管理与行政管理的费用不由甲方承担。施工中项目和数量如有增加或减少，则按实际施工项目和数量结算工程款。以上不包含购置壁纸、家具、空调、窗帘、灯具、洁具等的费用。

2.3　中式风格识图与预算

中式风格主要包括中式古典风格与新中式风格两种。中式古典风格是以中国宫廷建筑为代表的室内设计风格，在室内布置、线形、色调及家具陈设的造型等方面，学习传统装饰的"形""神"特征，家具的选用与摆放是其中最主要的内容。新中式风格的主材多为新型材料，表面纹理与原木纹理一致，但是内部材质为塑木板、石塑板等，用来代替传统木质装饰画板，表现出新中式风格的韵味。

掌握了中式风格的设计原则，便可在材料采购时选择出最适合空间设计的，而不是价格高昂的，从而减少预算的总支出。前期的预算规划应多预留实木等材料的预算支出。要熟知材料的特点，在适当的地方用适当的材料，即使是玻璃、金属等，一样可以展现出中式风格的特色与魅力（图 2-50、图 2-51）。

图 2-50　中式古典风格客厅

图 2-51　新中式风格客厅

2.3.1　中式风格的建材预算

1. 木材

木材可以充分体现传统中式的建筑美，同时，木材还适用于墙面、地面和家具（图 2-52）。

2. 中式青砖

中式青砖具有素雅、沉稳、古朴、宁静的美感，艺术造型以中国传统典故为素材，因此在中式古典家居中应用得较多（图2-53）。

3. 花鸟鱼草图案壁纸

花鸟鱼草图案具有传统意韵，可以丰富空间的视觉层次。因此，花鸟鱼草的图案被广泛地运用在墙面壁纸的设计中，主要用于搭配墙面的实木造型（图2-54）。

图2-52　实木造型推拉门，260～400元/m²

图2-53　中式青砖，
1～2元/块

图2-54　花鸟鱼草图案壁纸，
200～230元/卷

4. 天然石材

选择纹理丰富且独特的天然石材，或是满铺客厅地面，或是搭配实木线条铺在电视机背景墙上，既能体现天然石材的质感，又能提升新中式风格的时尚感（图2-55）。

5. 金色不锈钢线条

新中式风格除了大量运用实木线条外，还常使用金色的不锈钢设计墙面造型。例如，在墙面粘贴的石材四周包裹金色的不锈钢，使不锈钢与石材的硬朗质感融合在一起（图2-56）。

图2-55　天然石材，460～650元/m²

图2-56　金色不锈钢线条，25～28元/m

2.3.2 中式风格的家具预算

1. 明清组合沙发

明清组合沙发既具有深厚的历史文化艺术底蕴，又具有典雅的外观和实用的功能。在中式古典风格中，明清组合沙发是一定要出现的元素（图 2-57）。

2. 条案家具

条案家具形式多种多样，主要为高几和矮几。条案家具造型古朴方正，可以体现居室典雅的气质（图 2-58）。

3. 实木榻

实木榻是中国古代的一种家具，狭长且较矮，比较轻便，可坐可卧，是古时常见的木质家具，材质多种多样（图 2-59）。

图 2-57　明清组合沙发，7300 ~ 7500 元 / 套

图 2-58　条案家具，600 ~ 800 元 / 件

图 2-59　实木榻，4780 ~ 5000 元 / 张

4. 博古架

博古架或倚墙而立，装点居室；或隔断空间，充当屏障，同时还可以展示各种古玩器物，点缀空间，美化居室（图 2-60）。

5. 架子床

架子床结构精巧、装饰华美，装饰图案多以民间传说、花马山水等为题材，包含和谐、平安、吉祥、多福等寓意（图 2-61）。

6. 太师椅

太师椅是中式古典家具中唯一用官职来命名的椅子，最能体现清代家具的造型特点，即用料厚重、宽大夸张、装饰繁缛（图 2-62）。

图 2-60　博古架，2000 ~ 2200 元 / 组

图 2-61　架子床，3300 ~ 3600 元 / 张

图 2-62　太师椅，1200 ~ 1500 元 / 把

2.3.3 中式风格的装饰品预算

1. 宫灯

宫灯是汉族传统手工艺品之一，充满宫廷气派，可以令中式古典风格的家居环境更显华贵（图2-63）。

2. 中式屏风

中式屏风为中式传统家具，适合摆放在空间较大的客厅，一般陈设于室内的显著位置，起到分隔、美化、挡风、协调等作用（图2-64）。

3. 木雕花壁挂

木雕花壁挂具有十足的文化韵味和独特的风格，既可以体现出中国传统家居文化的独特魅力，又可以起到一定的装饰作用（图2-65）。

图2-63　宫灯，400～600元/件

图2-64　中式屏风，1500～1800元/组　图2-65　木雕花壁挂，600～800元/件

4. 文房四宝

文房四宝是中国传统的文书工具，即笔、墨、纸、砚，既具有实用功能，又能充分彰显中式古典的风情与魅力（图2-66）。

5. 青花瓷

青花瓷在明代就已成为瓷器主流，在中式风格空间中摆上几件青花瓷饰品可谓点睛之笔，令家居环境古典韵味十足（图2-67）。

6. 茶具

中国古代的史料中早就有茶的记载，而饮茶也是中国人的一种生活方式。在新中式空间中摆上一套茶具，可以突显居室的雅致（图2-68）。

7. 花鸟图装饰画

花鸟图装饰画不仅可以将中式的美感展现得淋漓尽致，其丰富的色彩还可以令新中式空间更加美丽（图2-69）。

图 2-66 文房四宝，100 ～ 120 元 / 套

图 2-67 青花瓷，650 ～ 800 元 / 件

图 2-68 茶具，100 ～ 300 元 / 套

图2-69 花鸟图装饰画，150 ～ 220 元 / 幅

2.3.4　中式风格的布艺织物预算

1. 中式纹理窗帘

在新中式风格的空间中，为搭配空间内时尚的墙面造型，窗帘的样式会选择带有中式纹理的窗帘，但窗帘的主色应以沉稳的素色系为主，这样窗帘样式在体现新中式主题的同时，也不会打乱空间的主次（图 2-70）。

2. 竹木纹理地毯

新中式风格空间中，地毯上的纹理一般为竹木的样式，颜色或艳丽，或深沉。这样的地毯铺设在卧室的床铺下，能为卧室空间带来更浓郁的中式风情（图 2-71）。

图 2-70 中式纹理窗帘，30 ～ 50 元 /m

图 2-71 竹木纹理地毯，550 ～ 800 元 / 块

3. 中式纹理桌布

桌布多铺设在餐桌、书桌及一些矮柜的上面，用以遮挡灰尘，而带有中式纹理的桌布除了防尘、防污的功能之外，其精美的纹理也为空间提供了装饰效果（图 2-72）。

4. 山水图案壁挂织物

壁挂织物是空间的装饰品之一，而山水图案的壁挂织物更是能传达出中式文化气息。将山水图案壁挂织物悬挂在墙面上，可增加新中式风格空间的艺术感（图 2-73）。

装饰装修识图与概预算

图 2-72　中式纹理桌布，50 ～ 80 元 / 块

图 2-73　山水图案壁挂织物，300 ～ 400 元 / 块

2.3.5　中式风格设计图纸与预算

这是一套建筑面积约 112m² 的三居室户型，含卧室两间、卫生间两间，书房一间，客厅、餐厅、厨房各一间，朝北面的阳台一处。

除了卫生间与厨房，其他部分都没有用隔墙分隔，这使得室内大部分空间不受隔墙的限制，是能自由分配的区域，这种格局既省去了拆墙的时间，也节约了装修经费。通常三口之家有两间卧室就足够了，另外一间房间仍作为书房使用，这样家中便有一个可供学习和工作的独立空间（图 2-74 ～图 2-82、表 2-3 ）。

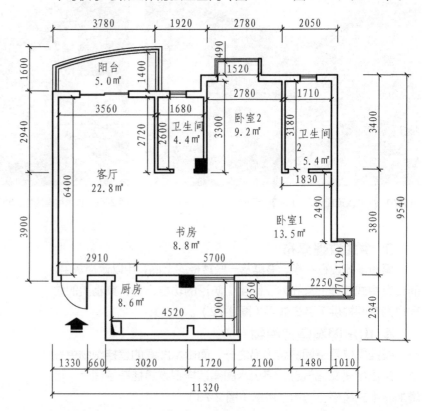

图 2-74　原始平面图

优点：没有过多的内部隔墙，让装修更省时省力，空间划分也更自由。

缺点：将空间分割后，书房会是一个完全闭塞的空间，最近的窗户紧邻厨房，采光通风均有欠缺。

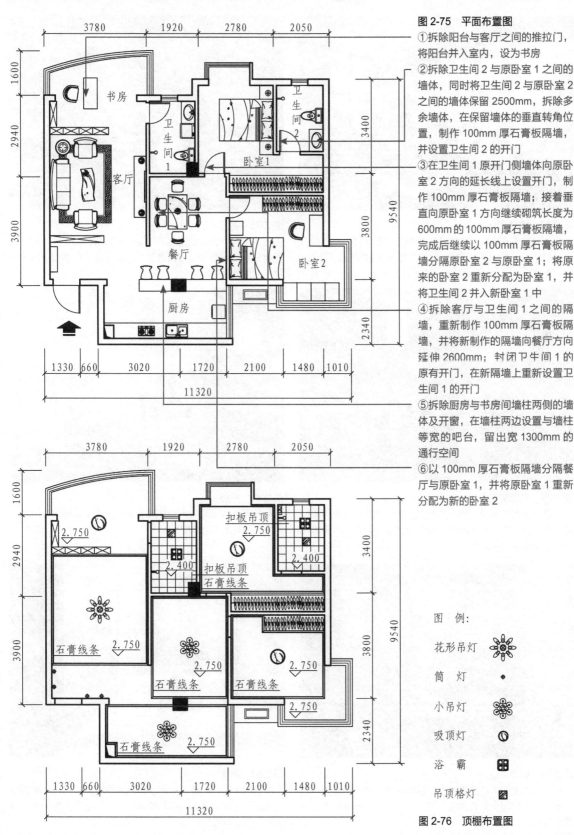

图 2-75 平面布置图

①拆除阳台与客厅之间的推拉门，将阳台并入室内，设为书房

②拆除卫生间 2 与原卧室 1 之间的墙体，同时将卫生间 2 与原卧室 2 之间的墙体保留 2500mm，拆除多余墙体，在保留墙体的垂直转角位置，制作 100mm 厚石膏板隔墙，并设置卫生间 2 的开门

③在卫生间 1 原开门侧墙体向原卧室 2 方向的延长线上设置开门，制作 100mm 厚石膏板隔墙；接着垂直向原卧室 1 方向继续砌筑长度为 600mm 的 100mm 厚石膏板隔墙，完成后继续以 100mm 厚石膏板隔墙分隔原卧室 2 与原卧室 1；将原来的卧室 2 重新分配为卧室 1，并将卫生间 2 并入新卧室 1 中

④拆除客厅与卫生间 1 之间的隔墙，重新制作 100mm 厚石膏板隔墙，并将新制作的隔墙向餐厅方向延伸 2600mm；封闭卫生间 1 的原有开门，在新隔墙上重新设置卫生间 1 的开门

⑤拆除厨房与书房间墙柱两侧的墙体及开窗，在墙柱两边设置与墙柱等宽的吧台，留出宽 1300mm 的通行空间

⑥以 100mm 厚石膏板隔墙分隔餐厅与原卧室 1，并将原卧室 1 重新分配为新的卧室 2

图例：

花形吊灯

筒灯

小吊灯

吸顶灯

浴霸

吊顶格灯

图 2-76 顶棚布置图

图 2-77　客厅（一）

↑将阳台并入室内，用装饰柜代替墙体对客厅与书房进行分隔，虽然少了一个朝北的阳台，却大大增加了室内可使用面积。

图 2-78　客厅（二）

↑用沙比利木饰面板作为客厅的电视机背景墙，沙比利木具有类似葡萄酒的色泽与细直的纹理，与以红色为基调的中式风格相得益彰。

图 2-79　餐厅厨房

↑餐厅与厨房之间的小吧台将西式的餐饮形式和中式传统风格融为一体，西式高脚酒杯、中国传统青花瓷盘、木筷等元素能完美地搭配在一起。

图 2-80　书房

↑在卧室 2 东南朝向的窗外安装室外晾衣架，将阳台改造为一个光线充足的小书房。

图 2-81　餐厅

↑餐厅墙面上的木质雕刻造型为餐厅增添了独特的魅力，但是这种造型的制作对场地和工艺的要求较高，一般都不选择现场制作。

图 2-82　卧室

↑卧室的床头背景墙以中国水墨画为素材，采用现代装修材料中的石塑装饰板勾缝深色玻璃板，现代与古典的碰撞使得卧室空间更具韵味。

表 2-3 装修预算表

序号	项目名称	单位	数量	单价 / 元	合计 / 元	材料工艺及说明
一、基础工程						
1	墙体拆除	m²	13.4	75.0	1005.0	拆墙、渣土装袋，包清运，人工、主材、辅材全包
2	墙体砌筑	m²	30.5	150.0	4575.0	水泥砂浆，厚 100mm 的轻质砌块，抹灰找平，人工、主材、辅材全包
3	家具与门窗拆除	m²	11.5	105.0	1207.5	拆除、渣土装袋，包清运，人工、主材、辅材全包
4	其他局部改造	项	1.0	1500.0	1500.0	整个住宅局部修饰、改造、修补、复原，人工、主材、辅材全包
5	电路工程改造	m	337.4	56.0	18894.4	BVR 铜线，照明、插座线路 2.5mm²，空调线路 4mm²，国标网络线、PVC 绝缘管改造，人工、主材、辅材全包
6	水路工程改造	m	24.1	65.0	1566.5	PPR 管给水，PVC 管排水，人工、主材、辅材全包
7	厨房、卫生间、阳台防水	m²	49.6	85.0	4216.0	堵漏王局部填补，911 聚氨酯防水涂料涂刷 1 遍，K11 防水涂料涂刷 2 遍，人工、主材、辅材全包
	合计				32964.4	
二、客厅、走道、厨房、餐厅、书房工程						
1	石膏板吊顶	m²	33.2	125.0	4150.0	木龙骨木芯板基层，石膏板吊顶，人工、主材、辅材全包
2	石膏线条	m	39.9	35.0	1396.5	宽 100mm 的石膏线条，高强度石膏粉粘贴，人工、主材、辅材全包
3	墙面、顶棚涂乳胶漆	m²	170.0	30.0	5100.0	石膏粉修补基础，成品腻子粉满刮 2 遍，砂纸打磨，乳胶漆滚涂 2 遍，人工、主材、辅材全包
4	电视背景墙	m²	10.6	320.0	3392.0	根据施工图施工，人工、主材、辅材全包
5	餐厅墙面装饰板	m²	5.8	350.0	2030.0	根据施工图施工，人工、主材、辅材全包
6	入户大门	套	1.0	1500.0	1500.0	成品钢制防盗门，人工、主材、辅材全包

（续）

序号	项目名称	单位	数量	单价/元	合计/元	材料工艺及说明
7	走道鞋柜	m²	0.8	750.0	600.0	E0级生态板制作柜体，含各类五金件，人工、主材、辅材全包
8	客厅储物柜	m²	5.2	750.0	3900.0	E0级生态板制作柜体，含各类五金件，人工、主材、辅材全包
9	实木踢脚线	m	29.2	35.0	1022.0	柚木成品踢脚线，人工、主材、辅材全包
10	地面铺装实木地板	m²	48.5	260.0	12610.0	木龙骨木芯板基层，铺装柚木地板，人工、主材、辅材全包
11	铝扣板吊顶	m²	8.6	120.0	1032.0	厚0.8mm的铝合金扣板吊顶，人工、主材、辅材全包
12	墙面、地面铺贴瓷砖	m²	20.0	175.0	3500.0	水泥砂浆铺贴墙砖、地砖，人工、主材、辅材全包
13	成品橱柜	m²	5.0	1560.0	7800.0	成品橱柜，人工、主材、辅材全包
14	隔板	m²	0.9	650.0	585.0	成品橱柜，人工、主材、辅材全包
	合计				48617.5	

三、卫生间1工程

序号	项目名称	单位	数量	单价/元	合计/元	材料工艺及说明
1	铝扣板吊顶	m²	4.4	75.0	330.0	厚0.8mm的铝合金扣板吊顶，人工、主材、辅材全包
2	墙面、地面铺贴瓷砖	m²	24.9	175.0	4357.5	水泥砂浆铺贴墙砖、地砖，人工、主材、辅材全包
3	卫生间铝合金门	扇	1.0	650.0	650.0	铝合金外包内开门，人工、主材、辅材全包
4	卫生间门槛	m	0.8	320.0	256.0	黑色人造石英石，含磨边加工，人工、主材、辅材全包
	合计				5593.5	

四、卫生间2工程

序号	项目名称	单位	数量	单价/元	合计/元	材料工艺及说明
1	铝扣板吊顶	m²	4.1	75.0	307.5	厚0.8mm的铝合金扣板吊顶，人工、主材、辅材全包
2	墙面、地面铺贴瓷砖	m²	23.7	175.0	4147.5	水泥砂浆铺贴墙砖、地砖，人工、主材、辅材全包

（续）

序号	项目名称	单位	数量	单价/元	合计/元	材料工艺及说明
3	卫生间铝合金门	扇	1.0	650.0	650.0	铝合金外包内开门，人工、主材、辅材全包
4	卫生间门槛	m	0.8	320.0	256.0	黑色人造石英石，含磨边加工，人工、主材、辅材全包
	合计				5361.0	

五、卧室 1 工程

序号	项目名称	单位	数量	单价/元	合计/元	材料工艺及说明
1	石膏线条	m	15.6	35.0	546.0	宽 100mm 的石膏线条，高强度石膏粉粘贴，人工、主材、辅材全包
2	墙面、顶棚涂乳胶漆	m²	46.9	30.0	1407.0	石膏粉修补基础，成品腻子粉满刮 2 遍，砂纸打磨，乳胶漆滚涂 2 遍，人工、主材、辅材全包
3	成品房间门	套	1.0	2200.0	2200.0	成品烤漆实木门，含双面包门套，人工、主材、辅材全包
4	衣柜	m²	8.3	820.0	6806.0	E0 级生态板制作柜体，含各类五金件，人工、主材、辅材全包
5	实木踢脚线	m	16.6	35.0	581.0	柚木成品踢脚线，人工、主材、辅材全包
6	地面铺装实木地板	m²	13.4	260.0	3484.0	木龙骨木芯板基层，铺装柚木地板，人工、主材、辅材全包
	合计				15024.0	

六、卧室 2 工程

序号	项目名称	单位	数量	单价/元	合计/元	材料工艺及说明
1	石膏线条	m	12.9	35.0	451.5	宽 100mm 的石膏线条，高强度石膏粉粘贴，人工、主材、辅材全包
2	墙面、顶棚涂乳胶漆	m²	45.5	30.0	1365.0	石膏粉修补基础，成品腻子粉满刮 2 遍，砂纸打磨，乳胶漆滚涂 2 遍，人工、主材、辅材全包
3	成品房间门	套	1.0	2200.0	2200.0	成品烤漆实木门，含双面包门套，人工、主材、辅材全包
4	衣柜	m²	5.3	820.0	4346.0	E0 级生态板制作柜体，含各类五金件，人工、主材、辅材全包

（续）

序号	项目名称	单位	数量	单价/元	合计/元	材料工艺及说明
5	实木踢脚线	m	8.1	35.0	283.5	柚木成品踢脚线，人工、主材、辅材全包
6	地面铺装实木地板	m²	13.0	260.0	3380.0	木龙骨木芯板基层，铺装柚木地板，人工、主材、辅材全包
7	书桌	m²	0.6	750.0	450.0	E0级生态板制作书桌，含各类五金件，人工、主材、辅材全包
	合计				12476.0	
七、工程直接费					120036.4	上述项目之和
八、设计费		m²	112.0	60.0	6720.0	现场测量、绘制施工图、绘制效果图、预算报价，按建筑面积计算
九、工程管理费					12003.6	工程直接费×10%
十、税金					4745.6	（工程直接费+设计费+工程管理费）×3.42%
十一、工程总造价					143505.6	工程直接费+设计费+工程管理费+税金

注：此预算不含物业管理与行政管理所产生的费用，物业管理与行政管理的费用不由甲方承担。施工中项目和数量如有增加或减少，则按实际施工项目和数量结算工程款。以上不包含购置壁纸、家具、空调、窗帘、灯具、洁具等的费用。

2.4 欧式风格识图与预算

欧式风格追求华丽、高雅，典雅中透着高贵，深沉里显露豪华，具有较深的文化底蕴和历史内涵。欧洲风格在经历了古希腊、古罗马的洗礼之后，形成了以柱、拱券、欧式山花、雕塑为主要构件的装饰风格。

欧式空间追求连续性，追求形体的变化和层次感。因此，欧式风格的空间中多会出现罗马柱、欧式雕花等元素，这类装饰效果突出、造价高昂的材料可少量使用，然后用欧式壁纸装饰空间，可节省预算支出（图2-83）。

2.4.1 欧式风格的建材预算

1. 藻井式吊顶材料

欧式风格的空间面积往往较大，因此适合做顶棚造型。稳重、厚实的藻井式吊顶既能体现欧式风格的大气，又能丰富顶棚的视觉层次（图 2-84）。

2. 拱形门窗

欧式风格摒弃生硬的线条，在门窗等处大量运用拱形，体现出别样的空间感，彰显出欧式风格的奢华气息。这类建材通常需要根据具体的尺寸定制（图 2-85）。

图 2-83　欧式风格客厅

图 2-84　藻井式吊顶，150 ~ 200 元 /m²

图 2-85　拱形洞口，2980 ~ 3200 元 / 套

3. 花纹石膏线

欧式风格追求细节处的精致，因此在吊灯处往往会设计花纹石膏线，既美化了空间，又体现出欧式风格对设计的精益求精（图 2-86）。

4. 欧式门套

欧式门套作为门套风格的一种，是欧式风格经常会运用到的元素之一，这是因为欧式风格本身就是奢华与大气的代表，只有精工细琢的欧式门套才能彰显出这份气质（图 2-87）。

图 2-86 花纹石膏线，20 ～ 25 元 /m

图 2-87 欧式门套，220 ～ 250 元 /m

5. 石材拼花

石材拼花主要是利用石材的颜色、纹理、材质等特征，结合人们的艺术构想，"拼"出精美的图案，这些拼花图案能够体现出欧式风格的华美与大气（图 2-88）。

6. 实木护墙板

实木护墙板又称墙裙、壁板，一般以木材为基材，具有防火、施工简便、装饰效果明显等优点，可广泛应用于欧式风格空间中（图 2-89）。

图 2-88 石材拼花，560 ～ 650 元 /m²

图 2-89 实木护墙板，350 ～ 420 元 /m²

7. 欧式花纹壁纸

欧式花纹壁纸的图案一般以华丽的曲线为主，其图案和花纹很少使用直角、直线和阴影，看起来非常有质感，形成特有的豪华富丽风格（图 2-90）。

8. 软包材料

软包是一种在室内墙体表面用柔性材料加以包装的墙面装饰方法，所使用的材料质地柔软、色彩柔和，可以让空间氛围更柔和（图 2-91）。

图 2-90　欧式花纹壁纸，280 ~ 320 元 / 卷

图 2-91　软包材料，300 ~ 400 元 /m²

2.4.2　欧式风格的家具预算

1. 兽腿家具

兽腿家具具有繁复、流畅的雕花装饰，既可以增加家具的精致感，又可以令家居环境更具美感（图 2-92）。

2. 贵妃沙发床

贵妃沙发床有着优美玲珑的曲线，沙发靠背设计曲线造型，靠背和扶手浑然一体，体现出优美、华贵的宫廷气息（图 2-93）。

图 2-92　兽腿家具，3600 ~ 3800 元 / 件

图 2-93　贵妃沙发床，2280 ~ 2500 元 / 张

3. 欧式四柱床

四柱床起源于古代欧洲贵族，利用柱子的材质和工艺来展示房主人的财富，在欧式风格中运用较多（图 2-94）。

4. 床尾凳

床尾凳并非卧室中不可缺少的家具，但却是欧式风格中很有代表性的设计，这种家具具有较强的装饰性，但实用性不高（图 2-95）。

图 2-94　欧式四柱床，6600 ~ 6800 元 / 套

图 2-95　床尾凳，600 ~ 800 元 / 个

2.4.3　欧式风格的装饰品预算

1. 水晶吊灯

灯具应选择具有欧式风情的造型，如水晶吊灯，这种吊灯给人以奢华、高贵的感觉（图 2-96）。

2. 壁炉

壁炉是欧式家居的典型配置，可以设置真的壁炉，也可以设计壁炉造型，辅以灯光，营造出极具西方情调的生活空间（图 2-97）。

图 2-96　水晶吊灯，4290 ~ 4500 元 / 盏　图 2-97　壁炉，2980 ~ 3200 元 / 个

3. 西洋画

在欧式风格的空间里，可以选择用西洋画来装点空间，以营造浓厚的艺术氛围，突显居室主人的文化涵养（图 2-98）。

4. 雕像

欧洲雕像有很多著名的作品，将名作雕像的仿品运用于欧式风格的家居中，可以体现出一种文化传承（图2-99）。

5. 欧式红酒架

欧式红酒架的造型精美，极具装饰效果，用于欧式风格空间中，既可以作为点缀，又能体现出主人的品位（图2-100）。

图2-98 西洋画，150～230元/幅

图2-99 雕像，500～600元/件

图2-100 欧式红酒架，120～150元/个

2.4.4 欧式风格设计图纸与预算

这是一套建筑面积约148m²的四居室户型，含卧室四间、卫生间两间，客厅、餐厅、厨房各一间，大阳台一处。

这是业主的第二套房，孩子长大了，需要有独立的卧室，因此原来的二居室已经不能满足家庭生活所需。这套四居室的常住人口为一家五口人，业主比较倾向于稳重、传统、文化气息浓郁的装修风格（图2-101～图2-109、表2-4）。

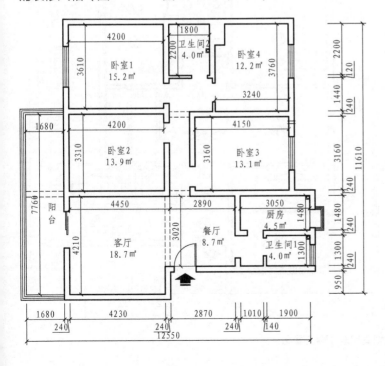

图2-101 原始平面图

←优点：这套户型造型方正，空间分配紧凑，空间浪费较小。另外，作为卧室的卫生间被设置在两间卧室的中间，可供自由分配。

缺点：东西朝向的户型，南北两面没有任何开窗，这造成了居室内的采光、通风条件不佳。

①以 100mm 厚石膏板隔墙封闭卫生间 2 原有的开门，同时拆除原卧室 1 与卫生间 2 之间的部分隔墙，设置开门，将卫生间 2 并入改后的卧室 2

②拆除原卧室 2 与原卧室 1 之间的隔墙，拆除原卧室 2 与原客厅之间的隔墙，重新制作100mm 厚石膏板隔墙，减少墙体所占空间，增大使用面积，同时拆除原卧室 2 与走道之间的隔墙，将原卧室 2 重新分配为新的客厅区域

③拆除原卧室 3 与卫生间 2 走道之间的隔墙，拆除原卧室 3 与原卧室 4 之间的隔墙，重新制作 100mm 厚石膏板隔墙，同时拆除原卧室 3 与原卧室 2 走道之间的隔墙，制作100mm 厚石膏板隔墙，将原卧室 3 重新分配为新的餐厅与书房区域

④以隔墙封闭厨房与卫生间 1 之间留作开门的空间，改变厨房的开门方向，同时拆除卫生间 1 留作开门位置两边的墙体，重新设置卫生间 1 的开门，扩大卫生间 1 的面积

⑤拆除原卧室 3 与厨房之间的部分隔墙，同时拆除原厨房与餐厅之间的隔墙，在卫生间2 与原卧室 4 之间的隔墙延长线位置重新砌筑隔墙，增大厨房的使用面积

⑥在原客厅与餐厅之间制作 100mm 厚石膏板隔墙，设置开门，将原客厅区域重新分配为新的卧室 1 区域，约 20m² 的面积满足了打造卧室与更衣室二合一空间的需求

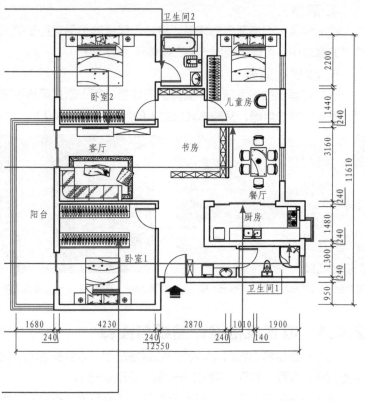

图 2-102　平面布置图

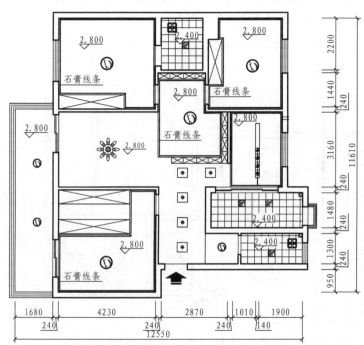

图 2-103　顶棚布置图

图 2-104　客厅（一）

↑将其中一间卧室改造为新的客厅区域，紧凑合理的布置，足以满足家庭日常休闲、娱乐、会客等的需要，这种布局适合客厅使用频率不高的家庭。

图 2-105　客厅（二）

↑作为客厅中仅次于电视机背景墙的视觉中心，沙发背景墙一般只需简单的装饰即可，否则容易喧宾夺主。

图 2-106　餐厅

↑浪漫唯美的欧式风格装修中，怎能少了精美的餐具及烛台的渲染，随时准备来一次浪漫的烛光晚餐吧！

图 2-107　儿童房（一）

↑充满童趣的卡通玩偶，墙面上生动的动物造型立体墙贴，都能让儿童房显得烂漫温馨，深得小朋友的喜爱。

图 2-108　儿童房（二）

↑每一个独立的空间内都需要用独特的光源来配合，卧室中除了顶棚的吊灯，一般还会设置床头灯、落地灯及射灯等来作为辅助照明。

图 2-109　衣帽间

↑将原来的客厅改造为卧室，多余的空间足够设置两面超大的衣柜，这也成为家庭衣物和日常用品的主要储存地。

表 2-4　装修预算表

序号	项目名称	单位	数量	单价/元	合计/元	材料工艺及说明
一、基础工程						
1	墙体拆除	m²	68.4	75.0	5130.0	拆墙、渣土装袋，包清运，人工、主材、辅材全包
2	墙体砌筑	m²	65.8	150.0	9870.0	水泥砂浆，厚100mm的轻质砌块，抹灰找平，人工、主材、辅材全包
3	家具与门窗拆除	m²	11.0	105.0	1155.0	拆除、渣土装袋，包清运，人工、主材、辅材全包
4	其他局部改造	项	1.0	1500.0	1500.0	整个住宅局部修饰、改造、修补、复原，人工、主材、辅材全包
5	电路工程改造	m	475.5	56.0	26628.0	BVR铜线，照明、插座线路2.5mm²，空调线路4mm²，国标网络线、PVC绝缘管改造，人工、主材、辅材全包
6	水路工程改造	m	56.0	65.0	3640.0	PPR管给水，PVC管排水，人工、主材、辅材全包
7	厨房、卫生间、阳台防水	m²	81.1	85.0	6893.5	堵漏王局部填补，911聚氨酯防水涂料涂刷1遍，K11防水涂料涂刷2遍，人工、主材、辅材全包
	合计				54816.5	
二、客厅、餐厅、走道工程						
1	墙面、顶棚涂乳胶漆	m²	110.7	30.0	3321.0	石膏粉修补基础，成品腻子粉满刮2遍，砂纸打磨，乳胶漆滚涂2遍，人工、主材、辅材全包
2	电视背景墙	m²	12.4	320.0	3968.0	根据施工图施工，人工、主材、辅材全包
3	入户大门	套	1.0	1500.0	1500.0	成品钢制防盗门，人工、主材、辅材全包
4	走道鞋柜	m²	0.6	750.0	450.0	E0级生态板制作柜体，含各类五金件，人工、主材、辅材全包
5	客厅储物柜	m²	1.4	750.0	1050.0	E0级生态板制作柜体，含各类五金件，人工、主材、辅材全包
6	实木踢脚线	m	25.2	35.0	882.0	柚木成品踢脚线，人工、主材、辅材全包
7	地面铺装实木地板	m²	31.6	260.0	8216.0	木龙骨木芯板基层，铺装柚木地板，人工、主材、辅材全包
	合计				19387.0	

（续）

序号	项目名称	单位	数量	单价 / 元	合计 / 元	材料工艺及说明
三、厨房工程						
1	铝扣板吊顶	m²	6.1	120.0	732.0	厚0.8mm的铝合金扣板吊顶，人工、主材、辅材全包
2	墙面、地面铺贴瓷砖	m²	33.0	175.0	5775.0	水泥砂浆铺贴墙砖、地砖，人工、主材、辅材全包
3	成品橱柜	m²	3.1	1560.0	4836.0	成品橱柜，人工、主材、辅材全包
4	内置搁板柜	m²	1.8	650.0	1170.0	成品橱柜，人工、主材、辅材全包
5	厨房推拉门	m²	5.5	450.0	2475.0	铝合金成品门，含滑柜，人工、主材、辅材全包
6	厨房推拉门单面包门套	m	6.7	150.0	1005.0	成品门套，人工、主材、辅材全包
7	外挑窗台	m	0.8	320.0	256.0	白色人造石英石，含磨边加工，人工、主材、辅材全包
8	厨房门槛	m	2.7	320.0	864.0	黑色人造石英石，含磨边加工，人工、主材、辅材全包
9	包管套	m	2.8	155.0	434.0	木龙骨木芯板基层，成品水泥板包管套，人工、主材、辅材全包
	合计				17547.0	
四、卫生间 1 工程						
1	铝扣板吊顶	m²	3.5	75.0	262.5	厚0.8mm的铝合金扣板吊顶，人工、主材、辅材全包
2	墙面、地面铺贴瓷砖	m²	22.7	175.0	3972.5	水泥砂浆铺贴墙砖、地砖，人工、主材、辅材全包
3	卫生间铝合金门	扇	1.0	650.0	650.0	铝合金外包内开门，人工、主材、辅材全包
4	卫生间门槛	m	0.8	320.0	256.0	黑色人造石英石，含磨边加工，人工、主材、辅材全包
5	包管套	m	2.8	155.0	434.0	木龙骨木芯板基层，成品水泥板包管套，人工、主材、辅材全包
	合计				5575.0	

（续）

序号	项目名称	单位	数量	单价/元	合计/元	材料工艺及说明
五、卫生间2工程						
1	铝扣板吊顶	m²	4.0	75.0	300.0	厚0.8mm的铝合金扣板吊顶，人工、主材、辅材全包
2	墙面、地面铺贴瓷砖	m²	18.4	175.0	3220.0	水泥砂浆铺贴墙砖、地砖，人工、主材、辅材全包
3	卫生间铝合金门	扇	1.0	650.0	650.0	铝合金外包内开门，人工、主材、辅材全包
4	卫生间门槛	m	0.9	320.0	288.0	黑色人造石英石，含磨边加工，人工、主材、辅材全包
5	包管套	m	2.8	155.0	434.0	木龙骨木芯板基层，成品水泥板包管套，人工、主材、辅材全包
	合计				4892.0	
六、卧室1工程						
1	石膏线条	m	17.9	35.0	626.5	宽100mm的石膏线条，高强度石膏粉粘贴，人工、主材、辅材全包
2	墙面、顶棚涂乳胶漆	m²	64.1	30.0	1923.0	石膏粉修补基础，成品腻子粉满刮2遍，砂纸打磨，乳胶漆滚涂2遍，人工、主材、辅材全包
3	成品房间门	套	1.0	2200.0	2200.0	成品烤漆实木门，含双面包门套，人工、主材、辅材全包
4	衣柜	m²	22.1	820.0	18122.0	E0级生态板制作柜体，含各类五金件，人工、主材、辅材全包
5	实木踢脚线	m	17.1	35.0	598.5	柚木成品踢脚线，人工、主材、辅材全包
6	地面铺装实木地板	m²	18.3	260.0	4758.0	木龙骨木芯板基层，铺装柚木地板，人工、主材、辅材全包
	合计				28228.0	
七、卧室2工程						
1	石膏线条	m	15.7	35.0	549.5	宽100mm的石膏线条，高强度石膏粉粘贴，人工、主材、辅材全包

（续）

序号	项目名称	单位	数量	单价 / 元	合计 / 元	材料工艺及说明
2	墙面、顶棚涂乳胶漆	m²	56.6	30.0	1698.0	石膏粉修补基础，成品腻子粉满刮 2 遍，砂纸打磨，乳胶漆滚涂 2 遍，人工、主材、辅材全包
3	成品房间门	套	1.0	2200.0	2200.0	成品烤漆实木门，含双面包门套，人工、主材、辅材全包
4	衣柜	m²	8.0	820.0	6560.0	E0 级生态板制作柜体，含各类五金件，人工、主材、辅材全包
5	实木踢脚线	m	14.4	35.0	504.0	柚木成品踢脚线，人工、主材、辅材全包
6	地面铺装实木地板	m²	16.2	260.0	4212.0	木龙骨木芯板基层，铺装柚木地板，人工、主材、辅材全包
	合计				15723.5	

八、阳台工程

序号	项目名称	单位	数量	单价 / 元	合计 / 元	材料工艺及说明
1	顶棚涂乳胶漆	m²	13.3	30.0	399.0	石膏粉修补基础，成品腻子粉满刮 2 遍，砂纸打磨，乳胶漆滚涂 2 遍，人工、主材、辅材全包
2	阳台推拉门	m²	6.4	450.0	2880.0	铝合金成品门，含滑柜，人工、主材、辅材全包
3	阳台推拉门双面包门套	m	11.2	150.0	1680.0	成品门套，人工、主材、辅材全包
4	阳台铺装墙砖、地砖	m²	66.3	175.0	11602.5	水泥砂浆铺贴墙砖、地砖，人工、主材、辅材全包
	合计				16561.5	

九、卧室 3 工程

序号	项目名称	单位	数量	单价 / 元	合计 / 元	材料工艺及说明
1	石膏线条	m	14.1	35.0	493.5	宽 100mm 的石膏线条，高强度石膏粉粘贴，人工、主材、辅材全包
2	墙面、顶棚涂乳胶漆	m²	42.3	30.0	1269.0	石膏粉修补基础，成品腻子粉满刮 2 遍，砂纸打磨，乳胶漆滚涂 2 遍，人工、主材、辅材全包
3	成品房间门	套	1.0	2200.0	2200.0	成品烤漆实木门，含双面包门套，人工、主材、辅材全包

（续）

序号	项目名称	单位	数量	单价/元	合计/元	材料工艺及说明
4	衣柜	m²	5.3	820.0	4346.0	E0 级生态板制作柜体，含各类五金件，人工、主材、辅材全包
5	书桌	m²	1.5	750.0	1125.0	E0 级生态板制作书桌，含各类五金件，人工、主材、辅材全包
6	实木踢脚线	m	12.6	35.0	441.0	柚木成品踢脚线，人工、主材、辅材全包
7	地面铺装实木地板	m²	12.1	260.0	3146.0	木龙骨木芯板基层，铺装柚木地板，人工、主材、辅材全包
	合计				13020.5	

十、书房工程

序号	项目名称	单位	数量	单价/元	合计/元	材料工艺及说明
1	石膏线条	m	11.7	35.0	409.5	宽 100mm 的石膏线条，高强度石膏粉粘贴，人工、主材、辅材全包
2	墙面、顶棚涂乳胶漆	m²	33.0	30.0	990.0	石膏粉修补基础，成品腻子粉满刮 2 遍，砂纸打磨，乳胶漆滚涂 2 遍，人工、主材、辅材全包
3	成品房间门	套	1.0	2200.0	2200.0	成品烤漆实木门，含双面包门套，人工、主材、辅材全包
4	实木踢脚线	m	10.8	35.0	378.0	柚木成品踢脚线，人工、主材、辅材全包
5	地面铺装实木地板	m²	9.4	260.0	2444.0	木龙骨木芯板基层，铺装柚木地板，人工、主材、辅材全包
	合计				6421.5	
十一、工程直接费					182172.5	上述项目之和
十二、设计费		m²	148.0	60.0	8880.0	现场测量、绘制施工图、绘制效果图、预算报价，按建筑面积计算
十三、工程管理费					18217.3	工程直接费 ×10%
十四、税金					7157.0	（工程直接费＋设计费＋工程管理费）× 3.42%
十五、工程总造价					216426.8	工程直接费＋设计费＋工程管理费＋税金

注：此预算不含物业管理与行政管理所产生的费用，物业管理与行政管理的费用不由甲方承担。施工中项目和数量如有增加或减少，则按实际施工项目和数量结算工程款。以上不包含购置壁纸、家具、空调、窗帘、灯具、洁具等的费用。

2.5 东南亚风格识图与预算

东南亚风格最明显的特色就是取材自然、别开生面，如泰国常使用木皮等纯天然材料，木皮本身散发着浓烈的自然气息。

东南亚风格在色调上也以原木色色调为主，或为褐色等深色系，在视觉上给人一种泥土的质朴感和原木的天然感，搭配浅色布艺，能恰当地点缀出东南亚风格的特色，即取材自然（图 2-110）。

图 2-110 东南亚风格客厅

2.5.1 东南亚风格的建材预算

1. 深色的方形实木

深色的方形实木多运用在室内的吊顶中，用以营造纯木制房屋的感觉。利用较高的层高，将吊顶设计成尖拱的样式，然后在吊顶的两侧按一定规律排列方形实木房梁，搭配棉麻质感的布艺或是壁纸，使吊顶看起来极具东南亚地域特色（图 2-111）。

2. 具有地域特色的石材

石材会搭配墙面的木作造型出现，形成一个整体的设计造型。石材并不是常用的大理石或花岗岩等材料，而是具有地域特色的东南亚石材（图 2-112）。

3. 金色壁纸

东南亚风格的设计总会带给人豪华、贵气的感觉，在壁纸的选用上，最合适的是带有凹凸质感的金色壁纸。金色壁纸的纹理多含有东南亚文化特征，能使壁纸呈现出来的效果与东南亚风格的装修极为相配（图 2-113）。

图2-111　方形实木，1200～1500元/m³

图2-112　东南亚石材，780～830元/m²

图2-113　金色壁纸，150～180元/卷

4. 仿古砖

质感古朴的地砖不同于仿古砖，这类地砖更倾向于欧式风格，而具有古朴的质感、做旧处理的仿古砖，往往具有更明显的凹凸纹理，也更适用于东南亚风格的空间中（图2-114）。

5. 米色颗粒感硅藻泥

墙面的涂料没有比米色颗粒感硅藻泥更适合的材料了，硅藻泥本身的凹凸纹理所带来的古朴质感与东南亚风格恰好相符，而米色的硅藻泥还可为空间带来温馨的色调，同时也能减少大量的深色实木造型所带来的压抑感（图2-115）。

图2-114　仿古砖，100～120/m²

图2-115　硅藻泥，80～90元/m²

2.5.2　东南亚风格的家具预算

1. 木雕沙发

柚木是制作木雕沙发的上好原料，也是最符合东南亚风格特点的木材，这类木材本身具有一种低调的奢华感，气质典雅、古朴，

极具异域风情（图 2-116）。

2. 藤艺沙发

藤艺沙发具有天然环保、吸湿、吸热、透风、防蛀虫、不易变形和不易开裂等特性，在日常的使用中具有良好的耐用性，藤艺沙发是典型的东南亚风格家具（图 2-117）。

3. 实木雕花装饰柜

雕花的样式以典型的东南亚风格样式为主，柜体的颜色较深，有做旧处理，可摆放在餐厅做餐边柜；摆放在走道的尽头做端景柜；摆放在卧室做简易的化妆台（图 2-118）。

4. 雕花红木餐桌

以尊贵的红木做餐桌的材料，在餐桌的四腿处雕刻繁复的、具有东南亚文化特征的雕花造型，餐桌整体既有古朴的文化质感，又结实、耐用，是较好的东南亚风格家具（图 2-119）。

5. 藤制双人床

双人床采用粗壮的藤木编制而成，具有良好的透气性且十分牢固，一般在床头边角设计圆弧造型，强化床的风格特征，多以古典、民族地域格调为主（图 2-120）。

图 2-116　木雕沙发，7890 ～ 8000 元 / 套

图 2-117　藤艺沙发，3780 ～ 4000 元 / 套

图 2-118　实木雕花装饰柜，1900 ～ 2100 元 / 套

图 2-119　雕花红木餐桌，5960 ～ 6200 元 / 套

图 2-120　藤制双人床，3600 ～ 3800 元 / 张

2.5.3　东南亚风格的装饰品预算

1. 佛手
东南亚风格的家居中常用佛手点缀空间，多摆放在实木雕花装饰柜的上面，营造神秘与庄重并存的装饰效果（图 2-121）。

2. 木雕
东南亚木雕的原材料包括柚木、红木、桫椤木和藤条等，其中大象木雕、雕像和木雕餐具等都是很受欢迎的室内装饰品，摆放在空间内可为空间增添东南亚风情（图 2-122）。

图 2-121　佛手，180 ~ 250 元 / 件　　图 2-122　木雕工艺品，680 ~ 800 元 / 件

3. 锡器
东南亚锡器以马来西亚和泰国产的锡器为主，无论是造型还是雕花图案，都带有强烈的东南亚文化印记，是典型的东南亚风格装饰品（图 2-123）。

4. 大象形象的饰品
大象是很多东南亚国家都非常喜爱的一种动物，大象的图案让家居环境更加生动、活泼，同时也赋予了家居环境美好的寓意（图 2-124）。

图 2-123　锡器，680 ~ 800 元 / 套　　图 2-124　大象形象的饰品，450 ~ 600 元 / 件

2.5.4 东南亚风格设计图纸与预算

这是一套建筑面积约 206m² 的四居室户型，含卧室四间、卫生间两间，客厅、餐厅、厨房各一间，朝南、朝北的阳台各一处。

业主一家四口人，夫妻二人加两个孩子，孩子们晚上睡觉都不需要和大人一起，他们都需要一间独立的卧室，卧室内需要有单独的衣柜、书桌等家具，这也便于让孩子养成良好的生活习惯（图 2-125 ～图 2-133、表 2-5）。

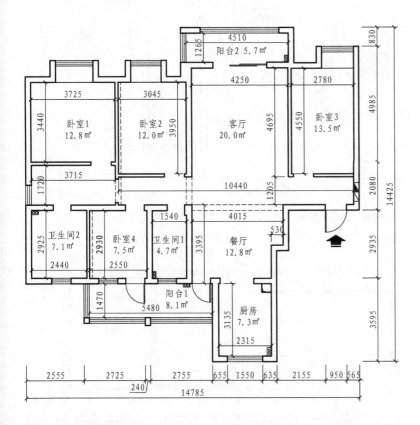

图 2-125 原始平面图

↑优点：这套户型空间富足，四室两厅两卫可自由分配布置，南北通透，各个功能空间都开有单独的窗户，保证了居室的通风与采光。

缺点：较多的空间分隔使得空间利用率比较低。

①拆除原卧室 3 与客厅之间的隔墙，在向原客厅方向延伸 900mm 处重新制作 100mm 厚石膏板隔墙，将原客厅重新分配为卧室 2 区域

②拆除原卧室 1 与原卧室 2 之间的隔墙，向原卧室 1 方向平移 220mm 重新制作 100mm 厚石膏板隔墙，在不影响卧室 1 空间使用的基础上，增大卧室 3 的空间

③拆除原卧室 2 与原客厅之间的隔墙，重新制作 100mm 厚石膏板隔墙，将原卧室 2 重新分配为卧室 3，以薄墙分隔重新分配相邻的两间卧室，能有效节省空间

④拆除原卧室 3 与入户走道之间的隔墙，在入门处设置装饰柜，集入户玄关与装饰鞋柜于一体，将原卧室 3 重新分配为客厅区域。

⑤拆除卧室 1 与走道之间的隔墙，卧室 1 的开门位置与相邻的卧室 3 的开门位置在同一垂直面上

⑥改变卫生间 2 的开门位置，将卫生间 2 并入卧室 1 中，延伸卫生间 2 与原卧室 4 之间的隔墙，隔墙延伸至卧室 1 开门位置

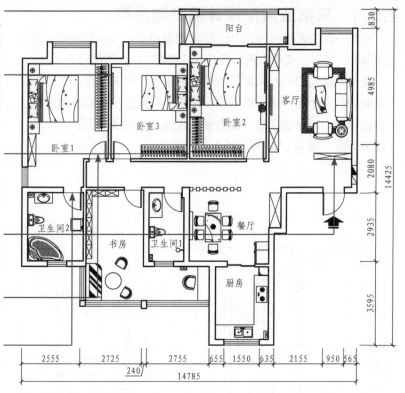

图 2-126　平面布置图

图　例：

花形吊灯

筒　灯

餐厅吊灯

吸顶灯

浴　霸

吊顶格灯

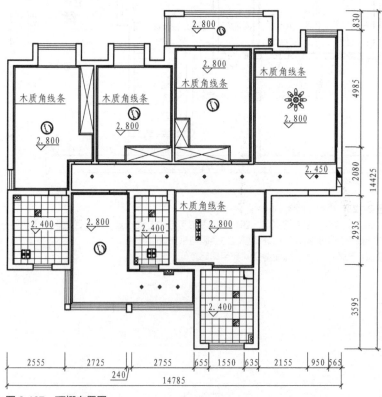

图 2-127　顶棚布置图

图 2-128 客厅（一）

↑想要更加明显地突出装修风格，可以从一些家居小配件上着手，客厅中茶几上的烛台、背景墙上的工艺瓷盘等都能彰显出东南亚风格的特色。

图 2-129 客厅（二）

↑用软包来做电视机背景墙，颜色鲜艳的黄色软包与周围红色系的实木家具相得益彰。

图 2-130 书房

↑将南面的阳台改造成集书房与休憩于一体的多功能空间，可以在阳光明媚的日子里悠然立于窗前，让阳光洒在书扉上，将窗户打开，吹着暖风，何等惬意！

图 2-131 卧室 1

↑在卧室中摆放一些绿植，不仅能美化空间，还能给人生机勃勃的感觉，同时绿植所具备的排氧吸碳能力还能很好地净化室内空气。

图 2-132 卧室 2

↑东南亚风格的装修崇尚自然，材料以原始的纯天然材料为主，带有热带丛林的味道，在颜色上追求保持材质自然的原色调，通常褐色是最为常见的色调。

图 2-133 卧室 3

↑杉木和沙比利的色彩与纹理相近，杉木材质的吊顶与沙比利材质的床头背景墙造型很相配。

表 2-5 装修预算表

序号	项目名称	单位	数量	单价 / 元	合计 / 元	材料工艺及说明
一、基础工程						
1	墙体拆除	m²	100.0	75.0	7500.0	拆墙、渣土装袋，包清运，人工、主材、辅材全包
2	墙体砌筑	m²	95.2	150.0	14280.0	水泥砂浆，厚100mm的轻质砌块，抹灰找平，人工、主材、辅材全包
3	家具与门窗拆除	m²	16.7	105.0	1753.5	拆除、渣土装袋，包清运，人工、主材、辅材全包
4	其他局部改造	项	1.0	1500.0	1500.0	整个住宅局部修饰、改造、修补、复原，人工、主材、辅材全包
5	电路工程改造	m	469.0	56.0	26264.0	BVR铜线，照明、插座线路2.5mm²，空调线路4mm²，国标网络线、PVC绝缘管改造，人工、主材、辅材全包
6	水路工程改造	m	68.0	65.0	4420.0	PPR管给水，PVC管排水，人工、主材、辅材全包
7	厨房、卫生间、阳台防水	m²	71.5	85.0	6077.5	堵漏王局部填补，911聚氨酯防水涂料涂刷1遍，K11防水涂料涂刷2遍，人工、主材、辅材全包
	合计				61795.0	
二、客厅、餐厅、走道工程						
1	木质角线条	m	32.9	70.0	2303.0	宽70mm的木质角线条，高强度玻璃胶粘贴，人工、主材、辅材全包
2	石膏板吊顶	m²	30.9	125.0	3862.5	木龙骨木芯板基层，石膏板吊顶，人工、主材、辅材全包
3	墙面、顶棚涂乳胶漆	m²	139.6	30.0	4188.0	石膏粉修补基础，成品腻子粉满刮2遍，砂纸打磨，乳胶漆滚涂2遍，人工、主材、辅材全包
4	电视背景墙	m²	12.8	320.0	4096.0	根据施工图施工，人工、主材、辅材全包
5	餐厅墙面装饰板	m²	0.5	350.0	175.0	根据施工图施工，人工、主材、辅材全包
6	入户大门	套	1.0	1500.0	1500.0	成品钢制防盗门，人工、主材、辅材全包

（续）

序号	项目名称	单位	数量	单价／元	合计／元	材料工艺及说明
7	走道鞋柜	m²	1.5	750.0	1125.0	E0 级生态板制作柜体，含各类五金件，人工、主材、辅材全包
8	客厅储物柜	m²	1.8	750.0	1350.0	E0 级生态板制作柜体，含各类五金件，人工、主材、辅材全包
9	餐厅餐边柜	m²	1.5	750.0	1125.0	E0 级生态板制作柜体，含各类五金件，人工、主材、辅材全包
10	实木踢脚线	m	26.7	35.0	934.5	柚木成品踢脚线，人工、主材、辅材全包
11	地面铺装实木地板	m²	35.0	260.0	9100.0	木龙骨木芯板基层，铺装柚木地板，人工、主材、辅材全包
	合计				29759.0	

三、厨房工程

序号	项目名称	单位	数量	单价／元	合计／元	材料工艺及说明
1	铝扣板吊顶	m²	6.9	120.0	828.0	厚0.8mm的铝合金扣板吊顶，人工、主材、辅材全包
2	墙面、地面铺贴瓷砖	m²	33.3	175.0	5827.5	水泥砂浆铺贴墙砖、地砖，人工、主材、辅材全包
3	成品橱柜	m²	2.4	1560.0	3744.0	成品橱柜，人工、主材、辅材全包
4	内置搁板柜	m²	2.2	650.0	1430.0	成品橱柜，人工、主材、辅材全包
5	厨房推拉门	m²	2.4	450.0	1080.0	铝合金成品门，含滑柜，人工、主材、辅材全包
6	厨房推拉门单面包门套	m	2.4	150.0	360.0	成品门套，人工、主材、辅材全包
7	外挑窗台	m	1.6	320.0	512.0	白色人造石英石，含磨边加工，人工、主材、辅材全包
8	厨房门槛	m	1.2	320.0	384.0	黑色人造石英石，含磨边加工，人工、主材、辅材全包
	合计				14165.5	

四、卫生间 1 工程

序号	项目名称	单位	数量	单价／元	合计／元	材料工艺及说明
1	铝扣板吊顶	m²	4.7	75.0	352.5	厚0.8mm的铝合金扣板吊顶，人工、主材、辅材全包

（续）

序号	项目名称	单位	数量	单价/元	合计/元	材料工艺及说明
2	墙面、地面铺贴瓷砖	m²	25.9	175.0	4532.5	水泥砂浆铺贴墙砖、地砖，人工、主材、辅材全包
3	卫生间铝合金门	扇	1.6	650.0	1040.0	铝合金外包内开门，人工、主材、辅材全包
4	卫生间门槛	m	0.8	320.0	256.0	黑色人造石英石，含磨边加工，人工、主材、辅材全包
	合计				6181.0	
五、卫生间2工程						
1	铝扣板吊顶	m²	7.0	75.0	525.0	厚0.8mm的铝合金扣板吊顶，人工、主材、辅材全包
2	墙面、地面铺贴瓷砖	m²	32.8	175.0	5740.0	水泥砂浆铺贴墙砖、地砖，人工、主材、辅材全包
3	卫生间铝合金门	扇	1.0	650.0	650.0	铝合金外包内开门，人工、主材、辅材全包
4	卫生间门槛	m	0.8	320.0	256.0	黑色人造石英石，含磨边加工，人工、主材、辅材全包
	合计				7171.0	
六、卧室1工程						
1	木质角线条	m	17.4	70.0	1218.0	宽70mm的木质角线条，高强度玻璃胶粘贴，人工、主材、辅材全包
2	石膏板吊顶	m²	15.8	125.0	1975.0	木龙骨木芯板基层，石膏板吊顶，人工、主材、辅材全包
3	墙面、顶棚涂乳胶漆	m²	64.6	30.0	1938.0	石膏粉修补基础，成品腻子粉满刮2遍，砂纸打磨，乳胶漆滚涂2遍，人工、主材、辅材全包
4	成品房间门	套	1.0	2200.0	2200.0	成品烤漆实木门，含双面包门套，人工、主材、辅材全包
5	衣柜	m²	8.1	820.0	6642.0	E0级生态板制作柜体，含各类五金件，人工、主材、辅材全包
6	实木踢脚线	m	14.5	35.0	507.5	柚木成品踢脚线，人工、主材、辅材全包

（续）

序号	项目名称	单位	数量	单价 / 元	合计 / 元	材料工艺及说明
7	地面铺装实木地板	m²	17.5	260.0	4550.0	木龙骨木芯板基层，铺装柚木地板，人工、主材、辅材全包
	合计				19030.5	

七、卧室 2 工程

序号	项目名称	单位	数量	单价 / 元	合计 / 元	材料工艺及说明
1	木质角线条	m	16.2	70.0	1134.0	宽 70mm 的木质角线条，高强度玻璃胶粘贴，人工、主材、辅材全包
2	石膏板吊顶	m²	16.1	125.0	2012.5	木龙骨木芯板基层，石膏板吊顶，人工、主材、辅材全包
3	墙面、顶棚涂乳胶漆	m²	61.8	30.0	1854.0	石膏粉修补基础，成品腻子粉满刮 2 遍，砂纸打磨，乳胶漆滚涂 2 遍，人工、主材、辅材全包
4	成品房间门	套	1.0	2200.0	2200.0	成品烤漆实木门，含双面包门套，人工、主材、辅材全包
5	衣柜	m²	10.0	820.0	8200.0	E0 级生态板制作柜体，含各类五金件，人工、主材、辅材全包
6	实木踢脚线	m	14.0	35.0	490.0	柚木成品踢脚线，人工、主材、辅材全包
7	地面铺装实木地板	m²	16.1	260.0	4186.0	木龙骨木芯板基层，铺装柚木地板，人工、主材、辅材全包
	合计				20076.5	

八、卧室 3 工程

序号	项目名称	单位	数量	单价 / 元	合计 / 元	材料工艺及说明
1	木质角线条	m	14.7	70.0	1029.0	宽 70mm 的木质角线条，高强度玻璃胶粘贴，人工、主材、辅材全包
2	石膏板吊顶	m²	13.7	125.0	1712.5	木龙骨木芯板基层，石膏板吊顶，人工、主材、辅材全包
3	墙面、顶棚涂乳胶漆	m²	55.3	30.0	1659.0	石膏粉修补基础，成品腻子粉满刮 2 遍，砂纸打磨，乳胶漆滚涂 2 遍，人工、主材、辅材全包
4	成品房间门	套	1.0	2200.0	2200.0	成品烤漆实木门，含双面包门套，人工、主材、辅材全包
5	衣柜	m²	5.7	820.0	4674.0	E0 级生态板制作柜体，含各类五金件，人工、主材、辅材全包

（续）

序号	项目名称	单位	数量	单价/元	合计/元	材料工艺及说明
6	实木踢脚线	m	13.5	35.0	472.5	柚木成品踢脚线，人工、主材、辅材全包
7	地面铺装实木地板	m²	13.7	260.0	3562.0	木龙骨木芯板基层，铺装柚木地板，人工、主材、辅材全包
	合计				15309.0	
九、阳台工程						
1	顶棚涂乳胶漆	m²	5.7	30.0	171.0	石膏粉修补基础，成品腻子粉满刮2遍，砂纸打磨，乳胶漆滚涂2遍，人工、主材、辅材全包
2	阳台改造储藏柜	m²	2.5	750.0	1875.0	E0级生态板制作柜体，含各类五金件，人工、主材、辅材全包
3	阳台推拉门	m²	3.2	450.0	1440.0	铝合金成品门，含滑柜，人工、主材、辅材全包
4	阳台推拉门双面包门套	m	5.6	150.0	840.0	成品门套，人工、主材、辅材全包
5	阳台铺装墙砖、地砖	m²	38.0	175.0	6650.0	水泥砂浆铺贴墙砖、地砖，人工、主材、辅材全包
	合计				10976.0	
十、书房工程						
1	木质角线条	m	20.5	70.0	1435.0	宽70mm的木质角线条，高强度玻璃胶粘贴，人工、主材、辅材全包
2	石膏板吊顶	m²	13.7	125.0	1712.5	木龙骨木芯板基层，石膏板吊顶，人工、主材、辅材全包
3	墙面、顶棚涂乳胶漆	m²	54.8	30.0	1644.0	石膏粉修补基础，成品腻子粉满刮2遍，砂纸打磨，乳胶漆滚涂2遍，人工、主材、辅材全包
4	成品房间门	套	1.0	2200.0	2200.0	成品烤漆实木门，含双面包门套，人工、主材、辅材全包
5	实木踢脚线	m	14.3	35.0	500.5	柚木成品踢脚线，人工、主材、辅材全包
6	地面铺装实木地板	m²	16.4	260.0	4264.0	木龙骨木芯板基层，铺装柚木地板，人工、主材、辅材全包
	合计				11756.0	

（续）

序号	项目名称	单位	数量	单价/元	合计/元	材料工艺及说明
十一、工程直接费					196219.5	上述项目之和
十二、设计费		m²	206.0	60.0	12360.0	现场测量、绘制施工图、绘制效果图、预算报价，按建筑面积计算
十三、工程管理费					19622.0	工程直接费×10%
十四、税金					7804.5	（工程直接费+设计费+工程管理费）×3.42%
十五、工程总造价					236006.0	工程直接费+设计费+工程管理费+税金

注：此预算不含物业管理与行政管理所产生的费用，物业管理与行政管理的费用不由甲方承担。施工中项目和数量如有增加或减少，则按实际施工项目和数量结算工程款。以上不包含购置壁纸、家具、空调、窗帘、灯具、洁具等的费用。

2.6 地中海风格识图与预算

地中海风格是同类海洋风格装修的典型代表，因富有地中海人文风情和地域特征而得名。

地中海风格通过连续的拱门、马蹄形窗等来体现空间的通透，用栈桥状露台和开放式的功能分区等来体现开放性，通过一系列开放通透的建筑语言来表达地中海装修风格自由的精神内涵。因此，地中海风格的装修中，多带有圆润有弧度的造型（图2-134）。

图 2-134 地中海风格客厅

2.6.1 地中海风格的建材预算

1. 蓝白色块马赛克

蓝白色块错落拼贴的马赛克常应用在洗手台、客厅电视机背景墙、厨房弧形垭口等地方，这种蓝白色块拼贴的马赛克具有较好的装饰效果，能使空间中的地中海风情更浓郁（图2-135）。

2. 白灰泥墙

白灰泥墙在地中海风格中也是比较重要的装饰材质，不仅因为其白色的特点与地中海的气质相符，还因其自身所具备的凹凸不平的质感，能令空间呈现出地中海建筑所独有的质感（图2-136）。

图2-135　蓝白色块马赛克，180～200元/m²

图2-136　白灰泥墙，40～50元/m²

3. 海洋风壁纸

壁纸在色彩搭配和纹理样式上都遵循了典型的地中海风格的装饰特点，形成了具有海洋风特色的壁纸。这类壁纸粘贴在墙面上的效果十分出众，能与空间内的家具、装饰品、布艺窗帘等很好地搭配在一起（图2-137）。

4. 花砖

花砖的尺寸有大有小，常规的尺寸以300mm×300mm、600mm×600mm等规格的较多，可铺贴于卫生间地面，或铺贴于马桶后面的墙上，能起到很好的装饰效果（图2-138）。

5. 实木造型

圆润类实木通常涂刷天蓝色的木器漆，可做旧处理用于客厅的顶棚、餐厅的顶棚等区域，能很好地烘托出地中海风格的自然气息（图2-139）。

图 2-137　海洋风壁纸，120 ~ 150 元 / 卷　　图 2-138　花砖，150 ~ 180 元 /m²　　图 2-139　实木造型，600 ~ 850 元 /m³

2.6.2　地中海风格的家具预算

1. 船型装饰柜

船型装饰柜是最能体现地中海风格的元素之一，其独特的造型既能为家中增加一份新意，又能令人感受到来自地中海的海洋风情。在家中摆放这样一个船型装饰柜，浓浓的地中海风情便呼之欲出（图 2-140）。

2. 条纹布艺沙发

沙发的体形不大，小客厅的空间也能轻松地摆下。沙发的布艺为条纹纹理，色彩以普遍且纯度较高的颜色为主，如蓝白条纹、天黄色条纹等，坐卧感舒适，能很好地与空间内的其他设计搭配在一起（图 2-141）。

3. 白漆四柱床

双人床通体刷透亮的白色木器漆，床的四角分别凸出四个造型圆润的圆柱，搭配条纹床品，这便是典型的地中海风格的双人床（图 2-142）。

图 2-140　船型装饰柜，350 ~ 520 元 / 个　　图 2-141　条纹布艺沙发，4080 ~ 4200 元 / 套　　图 2-142　白漆四柱床，2500 ~ 2800 元 / 张

2.6.3 地中海风格的装饰品预算

1. 地中海拱形窗

地中海风格中的拱形窗的色彩一般为经典的蓝白色，镂空的铁艺拱形窗也能很好地体现出地中海风情（图2-143）。

2. 地中海吊扇灯

地中海吊扇灯是灯和吊扇的完美结合，既有灯的装饰性，又有风扇的实用性，可以将古典美和现代美完美地突显出来，常用于餐厅，与餐桌及座椅搭配使用，装饰效果十分出众（图2-144）。

图 2-143 地中海拱形窗，500 ~ 700 元 / 扇

图 2-144 地中海吊扇灯，600 ~ 800 元 / 盏

3. 铁艺装饰品

无论是铁艺烛台、铁艺花窗，还是铁艺花器，都可以成为地中海风格家居中独特的装饰品，将这些铁艺装饰品摆放在木制的地中海家具上，往往能获得较好的装饰效果（图 2-145）。

4. 贝壳、海星等海洋装饰元素

贝壳、海星这类装饰元素在细节处为地中海风格的家居增添了活泼、灵动的气氛。例如，可将海星装饰错落地悬挂在白灰泥墙的表面，将大个的装饰摆放在做旧处理的柜体上等（图 2-146）。

5. 船、船锚等装饰元素

将船、船锚这类形象的小装饰摆放在家居中的角落，放在电视机背景墙上、电视柜上或书房内的船型书柜上，尽显新意的同时，也能将地中海风情渲染得淋漓尽致（图 2-147）。

图 2-145　铁艺装饰品，80 ~ 120 元 / 件　　图 2-146　海洋装饰品，20 ~ 30 元 / 件　　图 2-147　船、船锚等装饰，120 ~ 150 元 / 件

2.6.4　地中海风格的布艺织物预算

1. 蓝白条纹座椅套

座椅套一般套在木制的座椅上，这种布艺织物既便于清洁，又能有效延长家具的使用寿命。蓝白条纹的经典纹理可以与地中海风格完美搭配，增添空间的海洋气息（图 2-148）。

2. 海洋风窗帘

窗帘的色彩通常以看起来舒适的天蓝色为主，而窗帘的纹理相对并不明显，多以简洁的窗帘样式来烘托空间内家具、墙面的造型与装饰品（图 2-149）。

3. 清新的丝绸床品

地中海风格的主要特点是轻松的、自然的居室氛围，因此床品的材质通常采用丝绸制品，搭配轻快的地中海经典色，这能使卧室看起来有一股清凉的气息，似迎面扑来一股柔和的、微凉的海风（图 2-150）。

4. 色彩鲜艳的抱枕

地中海风格的抱枕总是带有清新的色彩组合，但又与沙发的布艺有明显的区别，这些色彩鲜艳的抱枕能吸引人的视线，同时也能很好地装饰空间（图2-151）。

图2-148 蓝白条纹座椅套，150～180元/套

图2-149 海洋风窗帘，60～75元/m

图2-150 清新的丝绸床品，1000～1200元/套

图2-151 色彩鲜艳的抱枕，60～80元/个

2.6.5 地中海风格设计图纸与预算

这是一套建筑面积约157m²的三居室户型，含卧室三间、卫生间两间，客厅、餐厅、厨房各一间，朝南、朝北的阳台各一处。

90后业主初为人父母，与父母同住。装修设计时，不仅要考虑到年轻人的作息习惯，还要兼顾老人和孩子的日常起居规律。虽然孩子还小，还不需要有单独的卧室，但准备一间独立的儿卧还是有必要的。此外，家中可能偶尔还会有客人暂住，因此还需要设置一间客房以备不时之需（图2-152～图2-160、表2-6）。

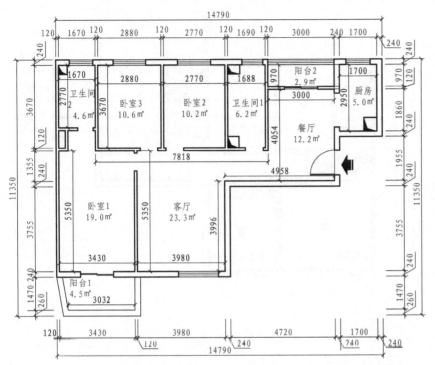

图 2-152 原始平面图

←优点：这套户型南北通透，使得每个区域的通风、采光都非常不错，尤其是朝南的大阳台，能满足一大家人的衣物晾晒之需。

缺点：三间卧室中，除了主卧室外，其他两间次卧室的面积相差无几，没有主次之分，同时，两间次卧室的面积也都非常局促。这样一来，在进行区域划分时，不好做更合理的功能安排。

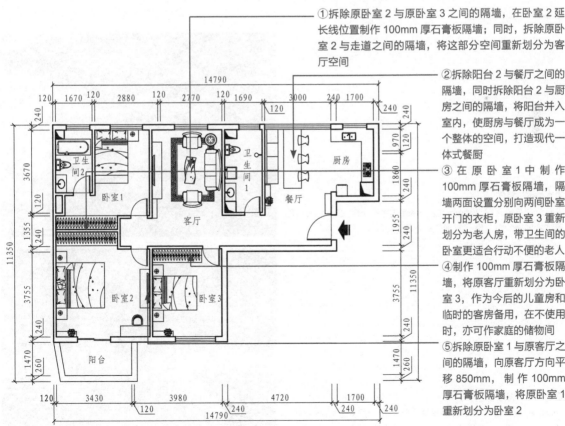

①拆除原卧室 2 与原卧室 3 之间的隔墙，在卧室 2 延长线位置制作 100mm 厚石膏板隔墙；同时，拆除原卧室 2 与走道之间的隔墙，将这部分空间重新划分为客厅空间

②拆除阳台 2 与餐厅之间的隔墙，同时拆除阳台 2 与厨房之间的隔墙，将阳台并入室内，使厨房与餐厅成为一个整体的空间，打造现代一体式餐厨

③ 在原卧室 1 中制作 100mm 厚石膏板隔墙，隔墙两面设置分别向两间卧室开门的衣柜，原卧室 3 重新划分为老人房，带卫生间的卧室更适合行动不便的老人

④制作 100mm 厚石膏板隔墙，将原客厅重新划分为卧室 3，作为今后的儿童房和临时的客房备用，在不使用时，亦可作家庭的储物间

⑤拆除原卧室 1 与原客厅之间的隔墙，向原客厅方向平移 850mm，制作 100mm 厚石膏板隔墙，将原卧室 1 重新划分为卧室 2

图 2-153 平面布置图

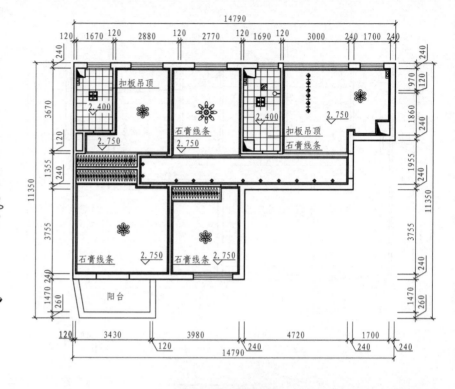

图 例：

花形吊灯

筒 灯

小吊灯

餐厅吊灯

浴 霸

吊顶格灯

图 2-154 顶棚布置图

图 2-155 餐厅

→餐厅背景墙采用 250mm×250mm 仿古砖 45° 斜贴，既增添了背景墙的趣味性，又增添一些个性。

图 2-156 客厅（一）

→个性的装饰物件如果直接挂置在墙面上，虽然也能达到很好的装饰效果，但显得平淡，而用装饰画框将装饰物件框起来，能有意外的装饰效果。

图 2-157 客厅（二）

↑在地中海风格中，最经典的用色还是蓝色系与白色的完美搭配，这两种色彩能营造一种浪漫、神秘的家居氛围，这也能很好地提高空间的舒适度。

图 2-158 厨房餐厅

↑虽然打通后的厨房与餐厅在视觉上已成一体化，但在装修中还需在顶棚的灯具上作区分，风格形式大不相同的灯具让人一眼就能分辨出空间区域的不同。

图 2-159 卧室 3

↑床头背景墙采用竖条形状的石塑装饰板，与室内的家具及床上的条纹织物的图案相呼应。

图 2-160 卧室 2

↑卧室与阳台间的推拉门上镶嵌了 5mm 厚玻璃镜面，玻璃镜面的反射效果能在视觉上扩大空间。

表 2-6 装修预算表

序号	项目名称	单位	数量	单价/元	合计/元	材料工艺及说明
一、基础工程						
1	墙体拆除	m²	24.0	75.0	1800.0	拆墙、渣土装袋，包清运，人工、主材、辅材全包
2	墙体砌筑	m²	30.3	150.0	4545.0	水泥砂浆，厚 100mm 的轻质砌块，抹灰找平，人工、主材、辅材全包
3	家具与门窗拆除	m²	0.0	105.0	0.0	拆除、渣土装袋，包清运，人工、主材、辅材全包
4	其他局部改造	项	1.0	1500.0	1500.0	整个住宅局部修饰、改造、修补、复原，人工、主材、辅材全包

（续）

序号	项目名称	单位	数量	单价/元	合计/元	材料工艺及说明
5	电路工程改造	m	358.2	56.0	20059.2	BVR铜线，照明、插座线路2.5mm²，空调线路4mm²，国标网络线、PVC绝缘管改造，人工、主材、辅材全包
6	水路工程改造	m	25.6	65.0	1664.0	PPR管给水，PVC管排水，人工、主材、辅材全包
7	厨房、卫生间、阳台防水	m²	66.2	85.0	5627.0	堵漏王局部填补，911聚氨酯防水涂料涂刷1遍，K11防水涂料涂刷2遍，人工、主材、辅材全包
	合计				35195.2	

二、客厅、走道、餐厅、厨房工程

序号	项目名称	单位	数量	单价/元	合计/元	材料工艺及说明
1	石膏板吊顶	m²	41.2	125.0	5150.0	木龙骨木芯板基层，石膏板吊顶，人工、主材、辅材全包
2	石膏线条	m	52.0	35.0	1820.0	宽100mm的石膏线条，高强度石膏粉粘贴，人工、主材、辅材全包
3	墙面、顶棚涂乳胶漆	m²	145.0	30.0	4350.0	石膏粉修补基础，成品腻子粉满刮2遍，砂纸打磨，乳胶漆滚涂2遍，人工、主材、辅材全包
4	电视背景墙	m²	9.4	320.0	3008.0	根据施工图施工，人工、主材、辅材全包
5	入户大门	套	1.0	1500.0	1500.0	成品钢制防盗门，人工、主材、辅材全包
6	走道鞋柜	m²	0.8	750.0	600.0	E0级生态板制作柜体，含各类五金件，人工、主材、辅材全包
7	客厅储物柜	m²	3.7	750.0	2775.0	E0级生态板制作柜体，含各类五金件，人工、主材、辅材全包
8	实木踢脚线	m	33.8	35.0	1183.0	柚木成品踢脚线，人工、主材、辅材全包
9	地面铺装实木地板	m²	41.7	260.0	10842.0	木龙骨木芯板基层，铺装柚木地板，人工、主材、辅材全包
10	铝扣板吊顶	m²	5.6	120.0	672.0	厚0.8mm的铝合金扣板吊顶，人工、主材、辅材全包
11	成品橱柜	m²	3.8	1560.0	5928.0	成品橱柜，人工、主材、辅材全包
12	内置搁板柜	m²	0.9	650.0	585.0	成品橱柜，人工、主材、辅材全包

（续）

序号	项目名称	单位	数量	单价 / 元	合计 / 元	材料工艺及说明
13	外挑窗台	m	0.3	320.0	96.0	白色人造石英石，含磨边加工，人工、主材、辅材全包
	合计				38509.0	

三、卫生间 1 工程

序号	项目名称	单位	数量	单价 / 元	合计 / 元	材料工艺及说明
1	铝扣板吊顶	m²	6.2	75.0	465.0	厚 0.8mm 的铝合金扣板吊顶，人工、主材、辅材全包
2	墙面、地面铺贴瓷砖	m²	23.3	175.0	4077.5	水泥砂浆铺贴墙砖、地砖，人工、主材、辅材全包
3	卫生间铝合金门	扇	1.0	650.0	650.0	铝合金外包内开门，人工、主材、辅材全包
4	卫生间门槛	m	0.8	320.0	256.0	黑色人造石英石，含磨边加工，人工、主材、辅材全包
	合计				5448.5	

四、卧室 1 工程

序号	项目名称	单位	数量	单价 / 元	合计 / 元	材料工艺及说明
1	石膏线条	m	15.3	35.0	535.5	宽 100mm 的石膏线条，高强度石膏粉粘贴，人工、主材、辅材全包
2	墙面、顶棚涂乳胶漆	m²	37.3	30.0	1119.0	石膏粉修补基础，成品腻子粉满刮 2 遍，砂纸打磨，乳胶漆滚涂 2 遍，人工、主材、辅材全包
3	成品房间门	套	1.0	2200.0	2200.0	成品烤漆实木门，含双面包门套，人工、主材、辅材全包
4	衣柜	m²	6.7	820.0	5494.0	E0 级生态板制作柜体，含各类五金件，人工、主材、辅材全包
5	实木踢脚线	m	13.7	35.0	479.5	柚木成品踢脚线，人工、主材、辅材全包
6	地面铺装实木地板	m²	10.7	260.0	2782.0	木龙骨木芯板基层，铺装柚木地板，人工、主材、辅材全包
	合计				12610.0	

五、卫生间 2 工程

序号	项目名称	单位	数量	单价 / 元	合计 / 元	材料工艺及说明
1	铝扣板吊顶	m²	4.5	75.0	337.5	厚 0.8mm 的铝合金扣板吊顶，人工、主材、辅材全包

（续）

序号	项目名称	单位	数量	单价/元	合计/元	材料工艺及说明
2	墙面、地面铺贴瓷砖	m²	13.1	175.0	2292.5	水泥砂浆铺贴墙砖、地砖，人工、主材、辅材全包
3	卫生间铝合金门	扇	1.0	650.0	650.0	铝合金外包内开门，人工、主材、辅材全包
4	卫生间门槛	m	0.8	320.0	256.0	黑色人造石英石，含磨边加工，人工、主材、辅材全包
	合计				3536	
六、卧室2工程						
1	石膏线条	m	16.6	35.0	581.0	宽100mm的石膏线条，高强度石膏粉粘贴，人工、主材、辅材全包
2	墙面、顶棚涂乳胶漆	m²	65.5	30.0	1965.0	石膏粉修补基础，成品腻子粉满刮2遍，砂纸打磨，乳胶漆滚涂2遍，人工、主材、辅材全包
3	成品房间门	套	1.0	2200.0	2200.0	成品烤漆实木门，含双面包门套，人工、主材、辅材全包
4	衣柜	m²	6.7	820.0	5494.0	E0级生态板制作柜体，含各类五金件，人工、主材、辅材全包
5	实木踢脚线	m	15.5	35.0	542.5	柚木成品踢脚线，人工、主材、辅材全包
6	地面铺装实木地板	m²	18.7	260.0	4862.0	木龙骨木芯板基层，铺装柚木地板，人工、主材、辅材全包
7	书桌	m²	0.6	750.0	450.0	E0级生态板制作书桌，含各类五金件，人工、主材、辅材全包
	合计				16094.5	
七、阳台工程						
1	顶棚涂乳胶漆	m²	16.9	30.0	507.0	石膏粉修补基础，成品腻子粉满刮2遍，砂纸打磨，乳胶漆滚涂2遍，人工、主材、辅材全包
2	阳台改造储藏柜	m²	1.0	750.0	750.0	E0级生态板制作柜体，含各类五金件，人工、主材、辅材全包

（续）

序号	项目名称	单位	数量	单价 / 元	合计 / 元	材料工艺及说明
3	阳台推拉门	m²	3.6	450.0	1620.0	铝合金成品门，含滑柜，人工、主材、辅材全包
4	阳台推拉门双面包门套	m	7.8	150.0	1170.0	成品门套，人工、主材、辅材全包
5	阳台铺装地砖	m²	4.8	175.0	840.0	水泥砂浆铺贴地砖，人工、主材、辅材全包
	合计				4887.0	

八、卧室3工程

序号	项目名称	单位	数量	单价 / 元	合计 / 元	材料工艺及说明
1	石膏线条	m	14.0	35.0	490.0	宽100mm的石膏线条，高强度石膏粉粘贴，人工、主材、辅材全包
2	墙面、顶棚涂乳胶漆	m²	42.4	30.0	1272.0	石膏粉修补基础，成品腻子粉满刮2遍，砂纸打磨，乳胶漆滚涂2遍，人工、主材、辅材全包
3	成品房间门	套	1.0	2200.0	2200.0	成品烤漆实木门，含双面包门套，人工、主材、辅材全包
4	衣柜	m²	5.3	820.0	4346.0	E0级生态板制作柜体，含各类五金件，人工、主材、辅材全包
5	实木踢脚线	m	11.4	35.0	399.0	柚木成品踢脚线，人工、主材、辅材全包
6	地面铺装实木地板	m²	12.1	260.0	3146.0	木龙骨木芯板基层，铺装柚木地板，人工、主材、辅材全包
	合计				11853.0	
九、工程直接费					128133.2	上述项目之和
十、设计费		m²	157.0	60.0	9420.0	现场测量、绘制施工图、绘制效果图、预算报价，按建筑面积计算
十一、工程管理费					12813.3	工程直接费×10%
十二、税金					5142.5	（工程直接费＋设计费＋工程管理费）×3.42%
十三、工程总造价					155509.1	工程直接费＋设计费＋工程管理费＋税金

注：此预算不含物业管理与行政管理所产生的费用，物业管理与行政管理的费用不由甲方承担。施工中项目和数量如有增加或减少，则按实际施工项目和数量结算工程款。以上不包含购置壁纸、家具、空调、窗帘、灯具、洁具等的费用。

2.7 美式乡村风格识图与预算

美式乡村风格的居室一般要尽量避免出现直线，经常会采用类似地中海风格的拱形设计，其门、窗也都圆润可爱，这样的造型可以营造出美式乡村风格的舒适和惬意。

美式乡村风格的室内装修有许多弧形设计，运用大量装饰线角、成品装饰石雕等成品或半成品件。家具多为新古典主义风格，软装布艺多为碎花图案，搭配印刷品装饰画与少量绿植点缀（图 2-161）。

图 2-161　美式乡村风格客厅

2.7.1　美式乡村风格的建材预算

1. 自然裁切的石材

自然裁切的石材符合乡村风格喜用天然材料的特点，同时自然裁切又能体现出美式乡村风格追求自由、原始自然的设计特征（图 2-162）。

2. 红色砖墙

红色砖墙古朴、自然，与美式乡村风格追求的理念一致，独特的造型也可为室内增加一抹亮色（图 2-163）。

3. 硅藻泥墙面

美式乡村风格的居室内多用硅藻泥涂刷墙面，既环保，又能为居室创造出古朴的氛围，常涂刷在沙发背景墙或电视机背景墙上，结合客厅内的做旧家具，能形成美式乡村风格的质朴氛围（图 2-164）。

图 2-162　自然裁切的石材，320 ~ 400 元 /m²　　图 2-163　红色砖墙，　　图 2-164　硅藻泥墙面，40 ~ 50 元 /m²
　　　　　　　　　　　　　　　　　　　　　　　　　　　65 ~ 70 元 /m²

4. 做旧圆柱

圆柱常搭配弧形造型出现。做旧圆柱是仿罗马柱的形式，常托着上面的弧拱形成垭口，或是紧靠墙面搭配质感古朴的硅藻泥作为墙面造型。做旧圆柱材质不受限制，可以是木材制成的，也可以是大理石制成的（图 2-165）。

5. 仿古地砖

仿古地砖是最适合美式乡村风格的材料之一，其本身凹凸不平的质感及多样化的纹理，可使铺设仿古地砖的空间极具质朴感和粗犷感，同时仿古地砖也较容易与美式乡村风格的家具及装饰品相搭配（图 2-166）。

图 2-165　做旧圆柱，2300 ~ 2500 元 / 根　　　　　图 2-166　仿古地砖，80 ~ 120 元 /m²

2.7.2　美式乡村风格的家具预算

1. 做旧处理的实木沙发

美式乡村风格的实木沙发体形庞大，具有较强的实用性，沙发的实木靠背常雕刻复杂的花纹造型，常刻意给实木的漆面做旧，以使其有一种古朴的质感（图2-167）。

2. 原木色五斗柜

五斗柜上多雕刻有复杂的花式纹路，表面会喷绘木器漆，以使五斗柜保持原木的颜色与纹理。五斗柜可以摆放在餐厅作餐边柜使用，也可以摆放在卧室作简易的化妆台使用，此外在五斗柜上摆放美式乡村风格的工艺品，也可令空间更具氛围感（图2-168）。

3. 深色实木双人床

全实木结构双人床常配以高挑的床头，床头雕刻有花纹造型，四脚较高，同样有雕刻造型，这类深色实木双人床是典型的美式乡村风格家具（图2-169）。

图2-167　实木沙发，7800～8000元/套　　图2-168　原木色五斗柜，1600～1800元/个　　图2-169　深色实木双人床，4980～5200元/张

2.7.3　美式乡村风格的装饰品预算

1. 自然风光的油画

大幅自然风光的油画色彩对比鲜明，色彩的明暗对比可以产生空间感，适合美式乡村家居追求阔达空间的需求（图2-170）。

2. 绿叶盆栽

美式乡村风格非常重视生活空间的舒适性，设计注重格调清新、惬意，外观雅致、休闲，因此各种繁复的绿叶盆栽是美式乡村风格中非常重要的装饰元素（图2-171）。

3. 金属工艺品

金属工艺品的样式包括羚羊造型、雄鹰造型和建筑造型等，这类工艺品或是银白色，或是黑漆色，能搭配空间内的实木家具，营造浓郁的古朴氛围（图2-172）。

4. 做旧的铁艺石英钟

做旧的铁艺石英钟的颜色总是偏近古铜色，给人以悠久历史的感觉，该装饰品可以贴紧墙面悬挂，也可以与墙面垂直，探出来悬挂，所选择的石英钟造型应与空间内其他美式乡村风格的装饰品相配，以营造出古朴的空间氛围（图 2-173）。

5. 旧木框照片墙

做旧的照框通常以组合的形式出现，几个长短尺寸不同的照框组合成一组照片墙，多悬挂在美式乡村风格的空间中，是空间中的装饰亮点（图 2-174）。

图 2-170 自然风光油画，150 ~ 200 元 / 幅

图 2-171 绿叶盆栽，75 ~ 90 元 / 盆

图 2-172 金属工艺品，150 ~ 200 元 / 件

图 2-173 做旧的铁艺石英钟，200 ~ 250 元 / 只

图 2-174 旧木框照片墙，150 ~ 220 元 / 组

2.7.4 美式乡村风格的布艺织物预算

1. 大花纹布艺窗帘

通常美式乡村风格的卧室会选用纹理样式丰富、色调沉稳的

大花纹布艺窗帘，这种窗帘非常贴合美式乡村空间的设计，能与空间内的家具、装饰品完美相搭（图2-175）。

2. 美式挂毯

典型的美式挂毯色彩丰富、纹路多样，但这类挂毯在材质上的变化较少，基本以羊毛为主。将美式挂毯悬挂在客厅可以彰显业主的文化品位，也能有效提升空间视觉上的丰富度（图2-176）。

图2-175　大花纹布艺窗帘，95 ~ 110元/m

图2-176　美式挂毯，650 ~ 750元/件

3. 碎花抱枕

美式乡村风格的沙发色彩并不丰富，多选用纯色、少纹理的布艺，碎花抱枕的出现使美式沙发不再显得单调，客厅的色彩丰富度也能得到有效提升（图2-177）。

4. 大花纹棉麻床品

除了时尚的纯色床品，还可选择在床品上蔓延出花瓣枝叶的大花纹棉麻床品，它会成为卧室里的视觉亮点，在选择大花纹床品时，建议搭配窗帘选择（图2-178）。

图2-177　碎花抱枕，35 ~ 50元/个

图2-178　大花纹棉麻床品，400 ~ 500元/件

2.7.5 美式乡村风格设计图纸与预算

　　这是一套未做精细分隔的三居室，三间卧室在交房时并未用隔墙做明确分隔。建筑面积约 106m²，三室二厅，含卧室三间，客厅、餐厅、厨房各一间，卫生间两间，朝南面及朝北面的阳台各一处。

　　进入大门后呈现在面前的是狭长走道。客厅与餐厅错位分离，需要独立设计。卧室空间较长，需要做进一步的分隔设计。宽阔的阳台在北面，采光较弱，可考虑打通阳台与客厅的隔墙，提升室内空间的采光效果（图 2-179 ～图 2-187、表 2-7）。

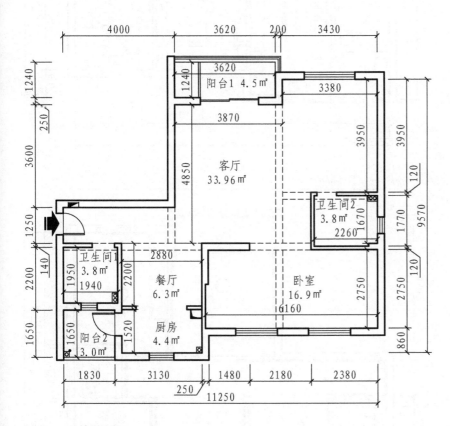

图 2-179　原始平面图

↑优点：户型方正，畸零空间少。室内隔墙少，空间未做细致分隔，因此可根据个人喜好及需求自由分配。

缺点：房间面积狭小，阳台实用性差。

①拆除阳台1与原客厅之间的墙体及推拉门，将阳台并入室内

②分别在原客厅与其相邻卧室之间、原客厅与走道之间制作100mm厚石膏板隔墙并设置开门。将新围合的房间作为新的卧室1区域，成为主卧室

③在新设置的卧室1开门墙体以东的水平延长线上，制作100mm厚石膏板隔墙并设置开门，将卫生间2并入卧室中。将新围合的房间作为新的卧室2区域，作为老人卧室

④拆除原卧室与客厅走道间的墙体，同时拆除原卧室与餐厅间的部分墙体，制作100mm厚石膏板墙体，减少墙体所占空间

⑤以石膏板制作开门两侧所需墙体，设置开门。在垂直于开门墙体的方向用石膏板制作另一面隔墙，分隔卧室与客厅。将新围合的房间作为新的卧室3区域，作为儿卧

⑥拆除阳台2与厨房间的隔墙及开门，同时拆除厨房与餐厅间的部分墙体，将阳台并入厨房

图 2-180 平面布置图

图 例：

花形吊灯

筒 灯

餐厅吊灯

吸顶灯

浴 霸

吊顶格灯

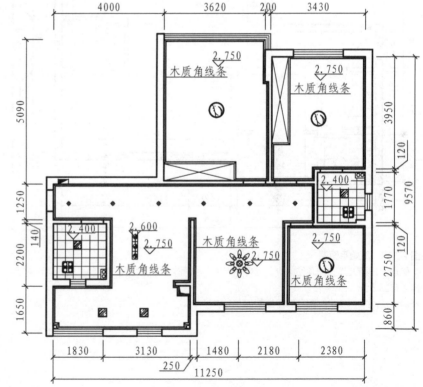

图 2-181 顶棚布置图

图 2-182　餐厅厨房
←将具有马赛克效果的方块瓷砖铺贴在厨房墙面上，是厨房装修中常用到的装饰方法，这种装饰方法既保留了马赛克色彩斑斓的视觉效果，给厨房增添轻松、愉悦的进餐氛围，又避免了大面积使用马赛克带来的高额预算。

图 2-183　客厅（一）
↑客厅中的沙发与茶几彰显了美式家具敦实厚重的特点，但又有一丝沉闷笨拙感，而搭配质感柔和、花色美观的布艺物件，可以使整个客厅更温馨、明快。

图 2-184　客厅（二）
↑将原来卧室的一部分改造成客厅，客厅与其他功能空间分隔开来，形成一个独立的功能区域，作为居室中的视听区，静谧的环境会让视听感受更舒适。

图 2-185　卧室 1
↑将北面的阳台和客厅改造成宽敞、大气的主卧室，宽阔的窗户能为卧室提供充足的采光。

图 2-186　卧室 2
↑抱枕能给人时髦感，摆放不同颜色、款式的抱枕或枕头，也是营造时髦氛围的小诀窍。

图 2-187　卧室 1

←儿卧中的床、床头柜、书柜、桌椅和墙面上的装饰搁板等是在家居卖场购买的套装家具。在装修工程后期的软装阶段，业主可到家居卖场挑选自己中意的家具，将家居设计图纸提供给家具商，下单定制，制作完成后家具商会上门安装。

表 2-7　装修预算表

序号	项目名称	单位	数量	单价 / 元	合计 / 元	材料工艺及说明
一、基础工程						
1	墙体拆除	m²	34.3	75.0	2572.5	拆墙、渣土装袋，包清运，人工、主材、辅材全包
2	墙体砌筑	m²	43.0	150.0	6450.0	水泥砂浆，厚 100mm 的轻质砌块，抹灰找平，人工、主材、辅材全包
3	家具与门窗拆除	m²	7.2	105.0	756.0	拆除、渣土装袋，包清运，人工、主材、辅材全包
4	其他局部改造	项	1.0	1500.0	1500.0	整个住宅局部修饰、改造、修补、复原，人工、主材、辅材全包
5	电路工程改造	m	293.3	56.0	16424.8	BVR 铜线，照明、插座线路 2.5mm²，空调线路 4mm²，国标网络线、PVC 绝缘管改造，人工、主材、辅材全包
6	水路工程改造	m	41.9	65.0	2723.5	PPR 管给水，PVC 管排水，人工、主材、辅材全包
7	厨房、卫生间防水	m²	43.4	85.0	3689.0	堵漏王局部填补，911 聚氨酯防水涂料涂刷 1 遍，K11 防水涂料涂刷 2 遍，人工、主材、辅材全包
	合计				34115.8	
二、客厅、走道、厨房、餐厅工程						
1	木质角线条	m	42.2	70.0	2954.0	宽 70mm 的木质角线条，高强度玻璃胶粘贴，人工、主材、辅材全包

（续）

序号	项目名称	单位	数量	单价/元	合计/元	材料工艺及说明
2	铝扣板吊顶	m²	35.8	120.0	4296.0	厚0.8mm的铝合金扣板吊顶，人工、主材、辅材全包
3	墙面铺贴瓷砖	m²	33.3	175.0	5827.5	水泥砂浆铺贴，人工、主材、辅材全包
4	电视背景墙	m²	8.2	320.0	2624.0	根据施工图施工，人工、主材、辅材全包
5	入户大门	套	1.0	1500.0	1500.0	成品钢制防盗门，人工、主材、辅材全包
6	走道鞋柜	m²	1.4	750.0	1050.0	E0级生态板制作柜体，含各类五金件，人工、主材、辅材全包
7	客厅储物柜	m²	1.4	750.0	1050.0	E0级生态板制作柜体，含各类五金件，人工、主材、辅材全包
8	餐厅餐边柜	m²	2.7	750.0	2025.0	E0级生态板制作柜体，含各类五金件，人工、主材、辅材全包
9	成品橱柜	m²	1.5	1560.0	2340.0	成品橱柜，人工、主材、辅材全包
10	内置搁板柜	m²	1.4	650.0	910.0	成品橱柜，人工、主材、辅材全包
11	外挑窗台	m	2.7	320.0	864.0	白色人造石英石，含磨边加工，人工、主材、辅材全包
12	厨房门槛	m	2.3	320.0	736.0	黑色人造石英石，含磨边加工，人工、主材、辅材全包
13	陶瓷踢脚线	m	28.7	35.0	1004.5	陶瓷成品踢脚线，人工、主材、辅材全包
14	地面铺装陶瓷地板	m²	32.6	260.0	8476.0	木龙骨木芯板基层，铺装陶瓷地板，人工、主材、辅材全包
	合计				35657.0	

三、卫生间1工程

序号	项目名称	单位	数量	单价/元	合计/元	材料工艺及说明
1	铝扣板吊顶	m²	3.8	75.0	285.0	厚0.8mm的铝合金扣板吊顶，人工、主材、辅材全包
2	墙面、地面铺贴瓷砖	m²	22.6	175.0	3955.0	水泥砂浆铺贴墙砖、地砖，人工、主材、辅材全包
3	卫生间铝合金门	扇	1.0	650.0	650.0	铝合金外包内开门，人工、主材、辅材全包
4	卫生间门槛	m	0.8	320.0	256.0	黑色人造石英石，含磨边加工，人工、主材、辅材全包
	合计				5146.0	

（续）

序号	项目名称	单位	数量	单价/元	合计/元	材料工艺及说明
四、卫生间2工程						
1	铝扣板吊顶	m²	3.0	75.0	225.0	厚0.8mm的铝合金扣板吊顶，人工、主材、辅材全包
2	墙面、地面铺贴瓷砖	m²	15.2	175.0	2660.0	水泥砂浆铺贴墙砖、地砖，人工、主材、辅材全包
3	卫生间铝合金门	扇	1.0	650.0	650.0	铝合金外包内开门，人工、主材、辅材全包
4	卫生间门槛	m	0.8	320.0	256.0	黑色人造石英石，含磨边加工，人工、主材、辅材全包
	合计				3791.0	
五、卧室1工程						
1	木质角线条	m	17.4	70.0	1218.0	宽70mm的木质角线条，高强度玻璃胶粘贴，人工、主材、辅材全包
2	铝扣板吊顶	m²	18.5	75.0	1387.5	厚0.8mm的铝合金扣板吊顶，人工、主材、辅材全包
3	墙面、顶棚涂乳胶漆	m²	64.8	30.0	1944.0	石膏粉修补基础，成品腻子粉满刮2遍，砂纸打磨，乳胶漆滚涂2遍，人工、主材、辅材全包
4	成品房间门	套	1.0	2200.0	2200.0	成品烤漆实木门，含双面包门套，人工、主材、辅材全包
5	衣柜	m²	7.0	820.0	5740.0	E0级生态板制作书桌，含各类五金件，人工、主材、辅材全包
6	书桌	m²	1.6	750.0	1200.0	E0级生态板制作书桌，含各类五金件，人工、主材、辅材全包
7	陶瓷踢脚线	m	12.7	35.0	444.5	陶瓷成品踢脚线，人工、主材、辅材全包
8	地面铺装陶瓷地板	m²	18.5	260.0	4810.0	木龙骨木芯板基层，铺装陶瓷地板，人工、主材、辅材全包
	合计				18944	
六、卧室2工程						
1	木质角线条	m	14.9	70.0	1043.0	宽70mm的木质角线条，高强度玻璃胶粘贴，人工、主材、辅材全包

（续）

序号	项目名称	单位	数量	单价/元	合计/元	材料工艺及说明
2	铝扣板吊顶	m²	14.0	75.0	1050.0	厚0.8mm的铝合金扣板吊顶，人工、主材、辅材全包
3	墙面、顶棚涂乳胶漆	m²	49.0	30.0	1470.0	石膏粉修补基础，成品腻子粉满刮2遍，砂纸打磨，乳胶漆滚涂2遍，人工、主材、辅材全包
4	成品房间门	套	1.0	2200.0	2200.0	成品烤漆实木门，含双面包门套，人工、主材、辅材全包
5	衣柜	m²	8.3	820.0	6806.0	E0级生态板制作柜体，含各类五金件，人工、主材、辅材全包
6	陶瓷踢脚线	m	13.9	35.0	486.5	陶瓷成品踢脚线，人工、主材、辅材全包
7	地面铺装陶瓷地板	m²	14.0	260.0	3640.0	木龙骨木芯板基层，铺装陶瓷地板，人工、主材、辅材全包
	合计				16695.5	

七、卧室3工程

序号	项目名称	单位	数量	单价/元	合计/元	材料工艺及说明
1	木质角线条	m	11.1	70.0	777.0	宽70mm的木质角线条，高强度玻璃胶粘贴，人工、主材、辅材全包
2	铝扣板吊顶	m²	7.7	75.0	577.5	厚0.8mm的铝合金扣板吊顶，人工、主材、辅材全包
3	墙面、顶棚涂乳胶漆	m²	26.9	30.0	807.0	石膏粉修补基础，成品腻子粉满刮2遍，砂纸打磨，乳胶漆滚涂2遍，人工、主材、辅材全包
4	成品房间门	套	1.0	2200.0	2200.0	成品烤漆实木门，含双面包门套，人工、主材、辅材全包
5	书桌	m	1.5	750.0	1125.0	E0级生态板制作书桌，含各类五金件，人工、主材、辅材全包
6	陶瓷踢脚线	m	10.3	35.0	360.5	陶瓷成品踢脚线，人工、主材、辅材全包
7	地面铺装陶瓷地板	m²	7.7	260.0	2002.0	木龙骨木芯板基层，铺装陶瓷地板，人工、主材、辅材全包
	合计				7849.0	
八、	工程直接费				122198.3	上述项目之和
九、	设计费	m²	106.0	60.0	6360.0	现场测量、绘制施工图、绘制效果图、预算报价，按建筑面积计算

（续）

序号	项目名称	单位	数量	单价／元	合计／元	材料工艺及说明
十、工程管理费					12219.8	工程直接费 ×10%
十一、税金					4814.6	（工程直接费 + 设计费 + 工程管理费）× 3.42%
十二、工程总造价					145592.7	工程直接费 + 设计费 + 工程管理费 + 税金

注：此预算不含物业管理与行政管理所产生的费用，物业管理与行政管理的费用不由甲方承担。施工中项目和数量如有增加或减少，则按实际施工项目和数量结算工程款。以上不包含购置壁纸、家具、空调、窗帘、灯具、洁具等的费用。

2.8 田园风格识图与预算

田园风格大约出现在 17 世纪末，人们看腻了奢华风，转而向往清新的乡野风格。在室内环境中力求表现悠闲、舒适、自然的田园生活情趣，多设置室内绿化，创造自然、简朴、高雅的氛围。

田园风格会用到大量的原木材料和带有田园气息的壁纸，节省田园风格预算的办法就在这里，可在墙面上使用大量的花卉壁纸，以减少实木造型的面积。花卉壁纸的预算支出是远低于实木造型的，同时大量的墙面壁纸也可营造出浓郁的田园风气息（图 2-188）。

图 2-188　田园风格的卧室

2.8.1 田园风格的建材预算

1. 花卉壁纸

法式田园风格喜欢运用花卉图案的壁纸来诠释其特征，同时这种壁纸也能营造出浓郁的浪漫气息（图 2-189）。

2. 雕花造型家具

英式田园风格虽然没有大范围使用华丽繁复的雕刻图案，但其家具中，如床头、沙发椅、餐椅靠背等地方，总免不了点缀适量的浅浮雕，这些雕花造型的家具能让人感受到一种严谨细致的工艺精神（图 2-190）。

3. 田园风木材

英式田园风格在木材的选择上多用胡桃木、橡木、樱桃木、榉木、桃花心木、楸木等木材，这些木材多应用在电视机背景墙、床头背景墙等处（图 2-191）。

图 2-189　花卉壁纸，85 ～ 150 元 / 卷　　图 2-190　雕花造型家具，500 ～ 650 元 / 件　　图 2-191　田园风木材，350 ～ 450 元 /m²

2.8.2 田园风格的家具预算

1. 手工沙发

手工沙发在英式田园风格家居中有着不可或缺的地位，手工沙发大多是布面的，色彩秀丽、线条优美，整体造型很简洁（图 2-192）。

2. 胡桃木家具

胡桃木的弦切面为美丽的大抛物线花纹，表面光泽饱满，品质较高，符合中产家庭的审美需求，在英式田园风格家居中应用得较频繁（图 2-193）。

3. 象牙白家具

象牙白给人纯净、典雅、高贵的感觉，同时也能给人一种田园风光的清新自然之感，因此很受法式田园风格爱好者的青睐（图 2-194）。

4. 铁艺家具

铁艺家具以意大利文艺复兴时期的典雅铁艺家具为主流，其优美、简洁的造型能使整个家居环境更有艺术感（图2-195）。

图2-192　手工沙发，9800 ~ 10000元/套

图2-193　胡桃木家具，5200 ~ 5500元/套

图2-194　象牙白家具，4600 ~ 4850元/套

图2-195　铁艺家具，1680 ~ 1800元/套

2.8.3　田园风格的装饰品预算

1. 田园灯

田园灯的外罩材质既可以是布艺，也可以是玻璃，这些材质可以很好地体现出法式田园风格的唯美气息（图2-196）。

2. 法式花器

法式田园风格的花器表面多带有花卉图案，这不仅能诠释出法式田园风格的特征，同时还能营造出一种柔和美（图2-197）。

3. 藤制收纳篮

藤制收纳篮所具有的自然气息能够很好地展现田园风格的特质，同时其实用功能也十分优秀，适用于客厅或餐厅空间（图2-198）。

4. 英伦风装饰品

英伦风装饰品有很多种选择，可以将这些独具英式风情的装饰品装点于家居环境中，为家里带来异域风情（图 2-199）。

5. 盘状挂饰

挂盘形状以圆形为主，可以将色彩多样、大小不一的挂盘排列在墙上，使之成为空间中的亮丽装饰（图 2-200）。

6. 花式吸顶灯

花式吸顶灯的底部完全贴在屋顶上，既有装饰性，又不会显得过于烦琐。花式吸顶灯的造型往往较为简洁，但形状却很多变（图 2-201）。

图 2-196　田园灯，220 ～ 300 元 / 盏

图 2-197　法式花器，120 ～ 180 元 / 件

图 2-198　藤制收纳篮，40 ～ 60 元 / 个

图 2-199　英伦风装饰品，150 ～ 220 元 / 件

图 2-200　盘 状 挂 饰，120 ～ 180 元 / 件

图 2-201　花式吸顶灯，300 ～ 500 元 / 盏

2.8.4　田园风格设计图纸与预算

这是一套建筑面积约 98m² 的三居室户型，含卧室三间、卫生间一间，客厅、餐厅、厨房各一间，朝北面的阳台一处。

建筑空间很紧凑，在进行空间设计分配时，两间卧室或三间卧室都是可行的（图 2-202 ～图 2-210、表 2-8）。

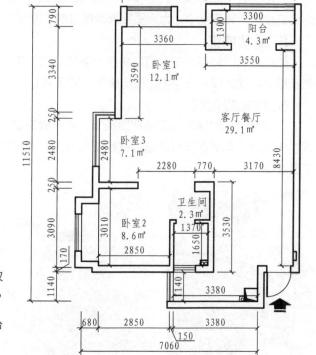

图 2-202 原始平面图

→优点：户型公摊小，浪费空间少，紧凑实用。室内仅一面墙与隔壁住户是共用墙，其他三面均是独立墙。另外，充裕的采光与通风也为这套户型加分不少。

缺点：朝北的阳台使家庭晾晒受限制的同时，也使阳台显得有些鸡肋。

图 2-203 平面布置图

①拆除原客厅与阳台间的隔墙，将阳台并入室内，重新分配为新的卧室 1 区域，同时用石膏板制作卧室 1 与餐厅间 100mm 厚的隔墙，隔墙的位置与卧室 2 开门墙体在同一水平线上，在隔墙上设置卧室 1 的开门

②在原卧室 1 与阳台之间的隔墙的延长线上，制作 100mm 厚石膏板隔墙，同样方法制作原卧室 1 与原卧室 3 之间的隔墙，设置开门，将原卧室 1 重新分配为新的卧室 2 区域

③将原卧室 3 重新分配为新的客厅区域，将居室的结构重新进行划分、调整

④在原卧室 2 与卫生间之间的隔墙向北的延长线上，制作 100mm 厚石膏板隔墙，同时设置开门。将原卧室 2 与原卧室 3 间的隔墙继续向东延长，将新围合的区域重新分配为新的卧室 3 区域

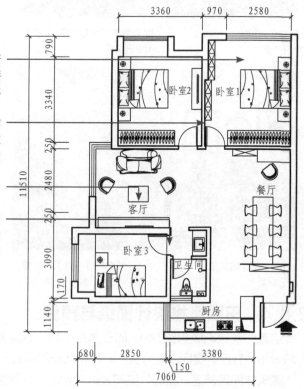

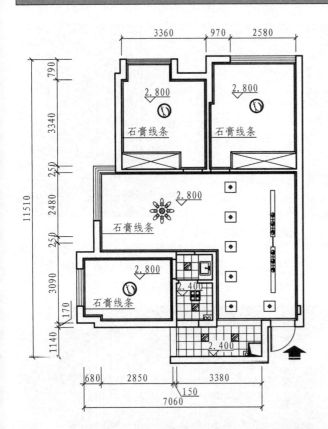

图 例:

花形吊灯

筒　 灯

餐厅吊灯

吸顶灯

浴　 霸

吊顶格灯

图 2-204　顶棚布置图

图 2-205　客厅餐厅

↑将其中一间卧室改造为客厅区域后,原来"一字形"的客厅餐厅格局,变为"L形"客厅餐厅格局,使这两个功能区更独立的同时,也大大增加了居室餐厅的可用空间。

图 2-206 客厅
↑客厅作为家庭的主要视听区，对光线的要求一般比较高。在有窗户的客厅中，要选择遮光性较好的窗帘，最好是双层窗帘，可以根据不同需求进行选择。

图 2-207 餐厅（一）
↑改造后的餐厅面积比原来增大了三分之一，在摆放一张宽大的餐桌后，还有富余的空间用来放置一套书桌座椅供家人使用。

图 2-208 餐厅（二）
→餐厅的照明是居室照明中的重要部分，可在餐桌正上方设置组合灯具，以提供照明，这样不仅更有助于用餐，还能让餐桌成为整个餐厅的视觉中心点。

图 2-209 卧室 1
↑造型独特、个性十足的装饰柜能彰显居室主人高雅不俗的生活品质，不建议让木工师傅现场制作装饰柜，可以去家居商场直接选购，但注意家具要与居室整体风格一致。

图 2-210 卧室 2
↑将乳胶漆涂饰与墙纸铺贴相结合，同时使用不同颜色的乳胶漆与不同图案的墙纸对墙体进行装饰，可使卧室的床头背景墙看起来层次丰富，内容更饱满。

表 2-8 装修预算表

序号	项目名称	单位	数量	单价 / 元	合计 / 元	材料工艺及说明
一、基础工程						
1	墙体拆除	m²	18.4	75.0	1380.0	拆墙、渣土装袋，包清运，人工、主材、辅材全包
2	墙体砌筑	m²	12.7	150.0	1905.0	水泥砂浆，厚 100mm 的轻质砌块，抹灰找平，人工、主材、辅材全包
3	家具与门窗拆除	m²	9.6	105.0	1008.0	拆除、渣土装袋，包清运，人工、主材、辅材全包
4	其他局部改造	项	1.0	1500.0	1500.0	整个住宅局部修饰、改造、修补、复原，人工、主材、辅材全包
5	电路工程改造	m	306.4	56.0	17158.4	BVR 铜线，照明、插座线路 2.5mm²，空调线路 4mm²，国标网络线、PVC 绝缘管改造，人工、主材、辅材全包
6	水路工程改造	m	43.8	65.0	2847.0	PPR 管给水，PVC 管排水，人工、主材、辅材全包
7	厨房、卫生间、阳台防水	m²	14.1	85.0	1198.5	堵漏王局部填补，911 聚氨酯防水涂料涂刷 1 遍，K11 防水涂料涂刷 2 遍，人工、主材、辅材全包
	合计				26996.9	
二、客厅、走道、餐厅工程						
1	石膏线条	m	26.6	35.0	931.0	宽 100mm 的石膏线条，高强度石膏粉粘贴，人工、主材、辅材全包
2	墙面、顶棚涂乳胶漆	m²	115.6	30.0	3468.0	石膏粉修补基础，成品腻子粉满刮 2 遍，砂纸打磨，乳胶漆滚涂 2 遍，人工、主材、辅材全包
3	电视背景墙	m²	8.4	320.0	2688.0	根据施工图施工，人工、主材、辅材全包
4	入户大门	套	1.0	1500.0	1500.0	成品钢制防盗门，人工、主材、辅材全包
5	走道鞋柜	m²	1.4	750.0	1050.0	E0 级生态板制作柜体，含各类五金件，人工、主材、辅材全包
6	客厅储物柜	m²	1.8	750.0	1350.0	E0 级生态板制作柜体，含各类五金件，人工、主材、辅材全包

（续）

序号	项目名称	单位	数量	单价／元	合计／元	材料工艺及说明
7	陶瓷踢脚线	m	22.4	35.0	784.0	陶瓷成品踢脚线，人工、主材、辅材全包
8	地面铺装玻化砖	m²	33.0	260.0	8580.0	水泥砂浆铺贴地砖，人工、主材、辅材全包
9	餐厅墙面装饰板	m²	5.1	350.0	1785.0	根据施工图纸造型施工，人工、主材、辅材全包
	合计				22136.0	
三、厨房工程						
1	铝扣板吊顶	m²	3.9	120.0	468.0	厚0.8mm的铝合金扣板吊顶，人工、主材、辅材全包
2	墙面、地面铺贴瓷砖	m²	25.5	175.0	4462.5	水泥砂浆铺贴墙砖、地砖，人工、主材、辅材全包
3	成品橱柜	m²	3.4	1560.0	5304.0	成品橱柜，人工、主材、辅材全包
4	内置搁板柜	m²	1.8	650.0	1170.0	成品橱柜，人工、主材、辅材全包
5	外挑窗台	m	1.1	320.0	352.0	白色人造石英石，含磨边加工，人工、主材、辅材全包
6	厨房门槛	m	1.2	320.0	384.0	黑色人造石英石，含磨边加工，人工、主材、辅材全包
7	包管套	m	2.8	155.0	434.0	木龙骨木芯板基层，成品水泥板包管套，人工、主材、辅材全包
	合计				12574.5	
四、卫生间工程						
1	铝扣板吊顶	m²	3.5	75.0	262.5	厚0.8mm的铝合金扣板吊顶，人工、主材、辅材全包
2	墙面、地面铺贴瓷砖	m²	29.2	175.0	5110.0	水泥砂浆铺贴墙砖、地砖，人工、主材、辅材全包
3	卫生间铝合金门	扇	1.0	650.0	650.0	铝合金外包内开门，人工、主材、辅材全包
4	卫生间门槛	m	1.5	320.0	480.0	黑色人造石英石，含磨边加工，人工、主材、辅材全包

（续）

序号	项目名称	单位	数量	单价/元	合计/元	材料工艺及说明
5	包管套	m	5.6	155.0	868.0	木龙骨木芯板基层，成品水泥板包管套，人工、主材、辅材全包
	合计				7370.5	

五、卧室 1 工程

序号	项目名称	单位	数量	单价/元	合计/元	材料工艺及说明
1	石膏线条	m	14.7	35.0	514.5	宽 100mm 的石膏线条，高强度石膏粉粘贴，人工、主材、辅材全包
2	墙面、顶棚涂乳胶漆	m²	48.7	30.0	1461.0	石膏粉修补基础，成品腻子粉满刮 2 遍，砂纸打磨，乳胶漆滚涂 2 遍，人工、主材、辅材全包
3	成品房间门	套	1.0	2200.0	2200.0	成品烤漆实木门，含双面包门套，人工、主材、辅材全包
4	衣柜	m²	7.0	820.0	5740.0	E0 级生态板制作柜体，含各类五金件，人工、主材、辅材全包
5	实木踢脚线	m	14.4	35.0	504.0	柚木成品踢脚线，人工、主材、辅材全包
6	地面铺装实木地板	m²	13.9	260.0	3614.0	木龙骨木芯板基层，铺装柚木地板，人工、主材、辅材全包
	合计				14033.5	

六、卧室 2 工程

序号	项目名称	单位	数量	单价/元	合计/元	材料工艺及说明
1	石膏线条	m	14.5	35.0	507.5	宽 100mm 的石膏线条，高强度石膏粉粘贴，人工、主材、辅材全包
2	墙面、顶棚涂乳胶漆	m²	44.8	30.0	1344.0	石膏粉修补基础，成品腻子粉满刮 2 遍，砂纸打磨，乳胶漆滚涂 2 遍，人工、主材、辅材全包
3	成品房间门	套	1.0	2200.0	2200.0	成品烤漆实木门，含双面包门套，人工、主材、辅材全包
4	衣柜	m²	6.4	820.0	5248.0	E0 级生态板制作柜体，含各类五金件，人工、主材、辅材全包
5	实木踢脚线	m	12.9	35.0	451.5	柚木成品踢脚线，人工、主材、辅材全包
6	地面铺装实木地板	m²	13.9	260.0	3614.0	木龙骨木芯板基层，铺装柚木地板，人工、主材、辅材全包
	合计				13365.0	

（续）

序号	项目名称	单位	数量	单价/元	合计/元	材料工艺及说明
	七、卧室3工程					
1	石膏线条	m	11.5	35.0	402.5	宽100mm的石膏线条，高强度石膏粉粘贴，人工、主材、辅材全包
2	墙面、顶棚涂乳胶漆	m²	41.9	30.0	1257.0	石膏粉修补基础，成品腻子粉满刮2遍，砂纸打磨，乳胶漆滚涂2遍，人工、主材、辅材全包
3	成品房间门	套	1.0	2200.0	2200.0	成品烤漆实木门，含双面包门套，人工、主材、辅材全包
4	实木踢脚线	m	9.8	35.0	343.0	柚木成品踢脚线，人工、主材、辅材全包
5	地面铺装实木地板	m²	12.0	260.0	3120.0	木龙骨木芯板基层，铺装柚木地板，人工、主材、辅材全包
	合计				7322.5	
	八、工程直接费				103798.9	上述项目之和
	九、设计费	m²	98.0	60.0	5880.0	现场测量、绘制施工图、绘制效果图、预算报价，按建筑面积计算
	十、工程管理费				10379.9	工程直接费×10%
	十一、税金				4106.0	（工程直接费＋设计费＋工程管理费）×3.42%
	十二、工程总造价				124164.8	工程直接费＋设计费＋工程管理费＋税金

注：此预算不含物业管理与行政管理所产生的费用，物业管理与行政管理的费用不由甲方承担。施工中项目和数量如有增加或减少，则按实际施工项目和数量结算工程款。以上不包含购置壁纸、家具、空调、窗帘、灯具、洁具等的费用。

第3章

材料选购与预算

识读难度：★★★★☆

重点概念：瓷砖、板材、地板、涂料、壁纸、
集成墙板、定制集成家具、
水管电线

章节导读：采购材料时往往容易理不清材料用量与价格计算方法，经销商的价格计算方式多种多样，很多
经销商会使用经验法，即套用各种没有经过检验和推敲的公式来快速计算，这种计算方法会忽略装修与材
料选用的具体情况，实用性不高。本章会对装修中使用到的各种主材、辅材做简要介绍，并按步骤讲解材
料的用量与价格，给读者提供简单的计算公式，以便能快速得出相对精准的价格。计数方法按四舍五入法，
对测量尺寸精确到小数点后两位，计算价格则精确到 0.1 元。

3.1 瓷砖计算

墙砖、地面砖是装修中不可缺少的材料，厨房、卫生间、阳台甚至客厅、走道等空间都会大面积使用这种材料。瓷砖的生产与应用具有悠久的历史，在装饰技术与生活水平发展迅速的今天，墙砖、地面砖的生产愈加科学化、现代化，其品种、花色也愈加多样化，产品的性能也更加优良，由于墙砖、地砖表面质地相差不大，在选购时要注意识别。

3.1.1 釉面砖

1. 釉面砖特性

陶土烧制而成的釉面砖吸水率较高，质地较轻，强度较低，价格低廉；瓷土烧制而成的釉面砖吸水率较低，质地较重，强度较高，价格相对也较高。

2. 釉面砖规格

墙面砖规格模式为长 × 宽 × 厚，常用规格尺寸为 300mm × 600mm × 6mm、400mm × 800mm × 8mm 等。地面砖规格模式为长 × 宽 × 厚，常用规格尺寸为 300mm × 300mm × 6mm、600mm × 600mm × 6mm、800mm × 800mm × 8mm 等。在现代家居装修中，釉面砖多用于厨房、卫生间、阳台等室内外空间（图3-1）。

3. 釉面砖选购方法

选购釉面砖时，可以用卷尺精确测量砖材的各边尺寸，尺寸误差应当 < 0.5mm。通常自重较大的砖体密度较高，抗压性也会更好。

图3-1 釉面砖
→釉面砖中的配套花色砖价格较高，多为普通砖价格的 3 ~ 5 倍，甚至更高，可以根据需要选购并计算价格，或选用其他非配套花色砖，精心挑选合适的色彩、纹理，以达到满意的装饰效果。

4. 计算方法

下面以中档瓷质釉面砖为例，介绍釉面砖的用量与成本的计算方法（图 3-2）。

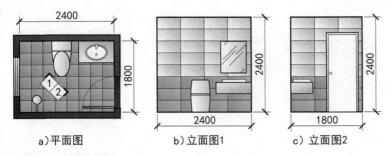

a）平面图　　　b）立面图1　　　c）立面图2

图 3-2　卫生间设计图

市场价格：300mm×600mm×6mm 中档瓷质釉面砖的市场价格在 50 元 /m² 左右。

主材用量：5.6 片 /m²。

主材价格 = 铺装面积 ×50 元 /m²×（1+ 损耗 0.05）。

1）计算地面面积：卫生间地面长 2.4m，宽 1.8m，计算出地面面积为 4.32m²。

2）计算墙面面积：卫生间地面周长为（长 2.4m + 宽 1.8m）×2 = 8.4m，卫生间墙面铺装高度 2.4m，计算出墙面面积为周长 8.4m× 墙面铺装高度 2.4m = 20.16m²。

3）地面与墙面的面积之和为 4.32m² + 20.16m² = 24.48m²。

4）考虑门窗洞口的损耗：常规开门与开窗不考虑损耗，因为门窗洞口边框需要对砖块裁切，消耗材料与人工，只有面积大于 2m² 的门窗洞口才酌情减除 50% 的面积。

5）卫生间釉面砖材料价格为：铺装面积 24.48m²× 釉面砖单价 50 元 /m²×1.05 = 1285.2 元。

3.1.2　通体砖

1. 通体砖特性

通体砖是一种砖坯体与表面颜色一致的瓷质砖，表面光洁，抗弯曲强度大。通体砖坚硬耐磨，根据产品品质不同，又分为抛光砖、玻化砖、微粉砖等，均可用于室内地面铺装，该瓷砖可以取代传统天然石材，但需注意，个别通体砖含有微量放射性元素，长期接触对人体有害。

2. 通体砖规格

通体砖的规格模式为长 × 宽 × 厚，常用规格为 600mm×600mm×8mm、800mm×800mm×10mm 等。

3. 通体砖选购方法

通体砖的商品名称很多，如铂金石、银玉石、钻影石、丽晶石、彩虹石等，选购时不能被繁杂的商品名迷惑，要辨清产品属性（图3-3）。

图3-3 通体砖
→拼花通体砖的形态与规格需根据设计需要确定，常规尺寸可以要求经销商定制加工，当需要将通用规格的砖块加工为设计尺寸时，不建议在施工现场手工切割，这是为了避免切割尺寸出现较大差异，且现场切割人工费还需另计，综合成本也会高于定制加工。

4. 计算方法

下面以中档玻化砖为例，介绍通体砖的用量与成本的计算方法（图3-4）。

市场价格：600mm×600mm×8mm 中档玻化砖的市场价格在 60 元 /m² 左右。

主材用量：2.8 片 /m²。

主材价格 = 铺装面积 ×60 元 /m²×（1+ 损耗 0.05）。

1）计算地面面积：餐厅地面长 3.2m，宽 2.8m，计算出地面面积 8.96m²。

2）计算地面拼花小砖价格：小砖规格为 150mm×150mm×8mm，根据平面图可数出小砖 6 片，拼花小砖价格为 8 元 / 片，总计 8 元 / 片 ×6 片 = 48 元。

3）玻化砖材料价格为：地面面积 8.96m²× 玻化砖单价 60 元 /m²×1.05 + 拼花小砖总计 48 元 ≈ 612.5 元。

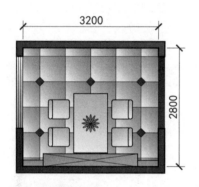

图3-4 房间设计图

3.2 板材下料计算

板材是装修过程中必不可少的重要材料，这种工业集中生产的型材具有特定的规格，在装修设计、施工中要根据板材的特定规格进行精确下料，避免产生浪费。

3.2.1 木质人造板

1. 木质人造板特性

木质人造板的品种很多，凡是经过加工成型的木质板材都可以称为木质人造板，主要包括实木指接板、木芯板、生态板、胶合板、刨花板、纤维板等，具体细分的品种更多（图 3-5 ~ 图 3-10）。

木质人造板主要用于家具、结构的制作，如各种台柜、吊顶、隔墙、装饰造型等，适用面非常广，价格较高，用量较大，因此要经过精确计算再下料。

2. 木质人造板规格

木质人造板的规格模式为长 × 宽，统一尺寸规格为 2440mm × 1220mm，厚度根据板材品种不等，一般为 3 ~ 22mm。用于家具主体的生态板、刨花板，厚度均为 18mm；用于抽屉底部、家具背部围合的胶合板厚度为 5mm 或 9mm。主流木制人造板的厚度以 15mm、18mm 为主。

图 3-5 指接板
↑表面无结疤的指接板价格较高，平整度较好，但是这种板材容易变形，只适用于制作家具柜体。

图 3-6 木芯板
↑优质木芯板的板芯内应当无虫眼、腐烂等瑕疵，这些需要对板材进行切割后再仔细观察。

图 3-7 生态板
↑生态板表面有装饰贴皮，表面丰富的色彩与纹理具有较好的装饰效果，板芯质量是关键。

图 3-8 胶合板
↑优质胶合板中各层次应当均衡一致，层次应清晰，表面应平整。

图 3-9　刨花板

↑刨花板靠近表面的颗粒细小，中间颗粒较大。

图 3-10　纤维板

↑纤维板表面平整度高，但是容易受潮，制作家具时要注意封闭好表面。

3. 木质人造板选购方法

选购时建议选择品牌产品，要求板材不能出现弯曲、变形，可用手抚摸板材表面，观察板材表面的平整度与光洁度，板材板面与侧面的主要标识应当清晰可见，经过切割的板材，其内芯应当整齐、无色差、无空洞。

4. 计算方法

下面以生态板衣柜为例，介绍木质人造板下料成本的计算方法（图 3-11）。

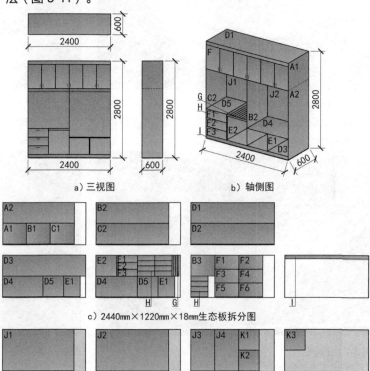

a）三视图　　b）轴侧图

c）2440mm×1220mm×18mm生态板拆分图

图 3-11　衣柜设计图

d）2440mm×1220mm×9mm饰面胶合板拆分图

市场价格：2440mm×1220mm×18mm 中档生态板的市场价格在 200 元 / 张左右。

主材用量：制作上有平开门、下无平开门（后期定制推拉门）的衣柜，按衣柜正立面面积计算，板材用量约为 1.5 张 /m²。

1）绘制出衣柜的三视图与轴测图，衣柜正立面宽 2.4m，高 2.8m，深 0.6m。

2）计算主要板材价格：将衣柜中的板材全部拆解展开，衣柜所消耗的板材主要为厚 18mm 的生态板与厚 9mm 的饰面胶合板，将所有部件分配到 2440mm×1220mm 的板材上并编号。厚 18mm 生态板总计 7 张 ×200 元 / 张 = 1400 元，厚 9mm 饰面胶合板总计 4 张 ×90 元 / 张 = 360 元，计算出板材下料费用为 1760 元。

3）计算装饰边条价格：柜体制作完成后，计算正立面中板材侧边的总长度，与每扇柜门的周长，计算出这些长度总和为 68m，装饰边条宽度 18mm，每根长度 2440mm，能得到消耗装饰边条的用量，装饰边条总计 28 根 ×3 元 = 84 元。

4）计算五金件价格：平开门 6 扇，每扇门需要铰链 2 个与拉手 1 个。具体价格计算如下：铰链 2 个 × 柜门 6 扇 ×5 元 / 个 = 60 元，拉手 6 个 ×6 元 / 个 = 36 元，抽屉滑轨 3 套 × 20 元 / 套 = 60 元，铝合金挂衣杆 2.4m×25 元 /m = 60 元，共计 216 元。

5）计算辅助材料价格：包括免钉胶、发泡胶、各种钉子等粗略共计 100 元。

6）衣柜主要材料价格为：主要板材总计 1760 元 + 装饰边条总计 84 元 + 五金件总计 216 元 + 辅助材料总计 100 元 = 2160 元。

3.2.2 纸面石膏板

1. 纸面石膏板特性

纸面石膏板里面是石膏，外表是封闭厚纸板，纸面石膏板是装修中吊顶、隔墙的常用板材，主要可用于吊顶、隔墙等主要装修构造的封闭围合。

2. 纸面石膏板规格

其规格模式为长 × 宽，常用规格为 2440mm×1220mm，厚度为 9mm 或 12mm，家居装修以厚 9mm 的板材为主，有特殊使用要求时会选用厚 12mm 的板材。

3. 纸面石膏板选购方法

选购时建议选择品牌产品，要求板材表面不能出现起泡、变形，手触摸板材表面时检查是否平整，周边棱角应挺括无残缺，经过切割的板材，其内芯应当无气泡、无空洞（图 3-12）。

图 3-12　纸面石膏板
→纸面石膏板的质量在于纸板与石膏
之间的结合度，优质产品应当二者无
法分离。

4. 计算方法

　　下面以客厅吊顶为例，介绍纸面石膏板下料成本的计算方法
（图 3-13）。

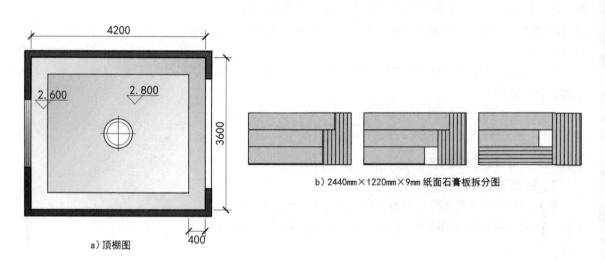

a）顶棚图

b）2440mm×1220mm×9mm 纸面石膏板拆分图

图 3-13　吊顶设计图

　　市场价格：2440mm×1220mm×9mm 中档生态板的市场价
格在 25 元 / 张左右。

　　主材用量：制作全封闭叠级吊顶，约 0.5 张 /m²。

　　主材价格 = 吊顶面积 ×0.5 张 /m²×25 元 / 张。

　　1）绘制出吊顶的平面图构造图，吊顶空间长 4.2m、宽 3.6m，
周边吊顶宽度 0.4m，叠级造型高 0.1m、内空 0.1m。

2）计算板材价格：将吊顶中的板材全部拆解展开，分配到 2440mm×1220mm 的板材上，并进行编号，厚 9mm 的纸面石膏板价格总计 3 张 ×25 元 / 张 = 75 元。

3）计算轻钢龙骨价格：制作吊顶还需要 63mm 轻钢龙骨，间距约为 400 ~ 600mm，边角、转折构造都需要用龙骨支撑，根据图纸计算出龙骨的总长度为 68m，轻钢龙骨价格总计 68m×3 元 /m×1.05 = 214.2 元。

4）计算辅助材料价格：包括膨胀螺栓、螺纹吊杆、自攻螺钉等粗略共计 100 元。

5）吊顶主要材料价格为：纸面石膏板总计 75 元＋轻钢龙骨总计 214.2 元＋辅助材料总计 100 元 = 389.2 元。

3.3 地板计算

地面材料品种较多，主要包括木地板、橡胶地板、地毯等，这些材料的计算方式基本相同，其中木地板主要分为实木地板、实木复合地板、复合木地板等，此外还要搭配各种材质的踢脚线。这些材料价格较高，在装修中应当精确计算，务必保证所选材料能用到实处，不能浪费。本节主要介绍木地板中实木地板与配套踢脚线的规格与换算方法。

3.3.1 实木地板

1. 实木地板特性

实木地板是用天然实木加工而成的板材，该板材表面纹理清晰、真实。常用的实木地板原材料有橡木、桦木、柚木、蚁木、檀木等（图 3-14、图 3-15）。

2. 实木地板规格

不同木材加工出来的实木地板规格不同，常规实木地板规格模式为长 × 宽 × 厚，规格为 900mm×160mm×22mm，根据树种与产品批次，具体规格会有所变化。

3. 实木地板选购方法

选购时建议选择品牌产品，从侧面观察板材时，板材不应出现弯曲、变形，用手抚摸板材表面时，板材应当绝对平整。现代实木地板多为成品漆板，即表面已经经过涂漆烘烤处理，是表面光洁度能达到良好反光效果的实木板材，这种板材侧边企口转角造型统一，板材衔接应紧密无缝。

4. 计算方法

下面以卧室地面铺装实木地板为例，介绍实木地板主材成本的计算方法（图 3-16）。

图 3-14　柚木地板
↑柚木地板纹理色彩比较均衡，可以通过涂刷油漆来强化表现效果。

图 3-15　蚁木地板
↑蚁木地板纹理色彩比较沉稳，自重较大，可适应各种环境需求。

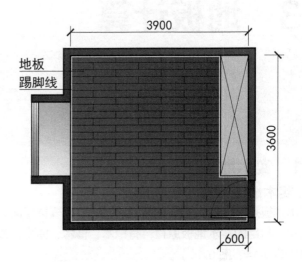

地板
踢脚线

图 3-16　卧室地面铺装设计图

市场价格：900mm×160mm×22mm 柚木地板的市场价格在 280 元 / m² 左右。

主材用量 = 地面铺装面积 ×（1+ 损耗率 0.05）。

主材价格 = 地面铺装面积 ×280 元 /m²×1.05。

1）绘制出卧室地面铺装设计图，卧室空间长 3.9mm，宽 3.6mm，预先摆放衣柜。

2）计算地板价格：卧室地面长 3.9m，宽 3.6m，计算出地面面积为长 3.9m× 宽 3.6m = 14.04m²，衣柜占地面积为 0.6m×2.6m = 1.56m²，地面铺装面积为 14.04m² − 1.56m² = 12.48m²，地板总计 12.48m²×280 元 / m²×1.05≈3669.1 元。

3）计算木龙骨价格：铺装实木地板还需要 50mm×40mm

杉木龙骨，间距约为 400mm，根据图纸计算出龙骨的总长度为 36m，杉木龙骨总计 36m×4 元 /m×1.05 = 151.2 元。

4）计算木芯板价格：木龙骨上铺木芯板，规格为 2440mm×1220mm×18mm，120 元 / 张。根据设计图可得，需要 4.5 张木芯板，木芯板总计 4.5 张 ×120 元 / 张 = 540 元。

5）计算踢脚线价格：全屋踢脚线周长为 14.2m，单价 30 元 /m，踢脚线总计 14.2m×30 元 /m×1.05 = 447.3 元。

6）计算辅助材料价格：包括防潮毡、地板钉、膨胀螺钉等粗略共计 100 元。

7）实木地板主要材料价格为：地板总计 3669.1 元 + 木龙骨总计 151.2 元 + 木芯板总计 540 元 + 踢脚线总计 447.3 元 + 辅助材料总计 100 元 =4907.6 元。

3.3.2　铝合金踢脚线

1. 铝合金踢脚线特性

传统踢脚线的材质与地面铺装材料的材质相同，大多数踢脚线都由经销商配套赠送，但是传统木质踢脚线不具备长久防潮、耐磨损的功能。因此现代家居装修多采用铝合金踢脚线，其中带灯槽的铝合金踢脚线装饰效果更好，能满足多种功能空间的需求，表面光滑、整洁，具有豪华感（图 3-17）。

2. 铝合金踢脚线规格

铝合金踢脚线的高度规格有 60mm、80mm、100mm、120mm、150mm 等，厚度为 12mm 或 15mm，长度多为定制，适用于家居装修的铝合金踢脚线产品长度多为 2400mm，方便电梯运输。

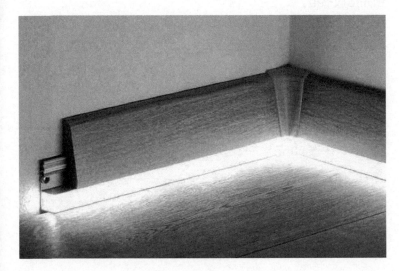

图 3-17　铝合金发光踢脚线
←铝合金发光踢脚线是由铝合金造型底板与实木或复合木质材料组合而成，LED 灯带安装在踢脚线内侧，产品质量核心在于灯带的质量。

3. 铝合金踢脚线选购方法

铝合金踢脚线截面不能出现弯曲、变形，铝合金质地应均匀，厚度应达到 1mm，构造应牢固，安装有 LED 照明的踢脚线还要关注灯具的品牌与安装细节，特别注意配套连接件的工艺质量。

4. 计算方法

下面以书房铺装混纺地毯后，周边安装铝合金发光踢脚线为例，介绍踢脚线成本的计算方法（图 3-18）。

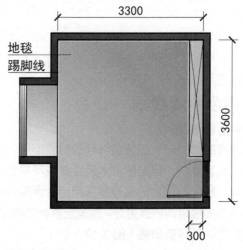

图 3-18　书房地面铺装设计图

市场价格：100mm×15mm 铝合金发光踢脚线的市场价格在 45 元 / m² 左右。

主材用量 = 安装周长 ×（1+ 损耗率 0.2）。

主材价格 = 安装周长 ×45 元 /m×1.2。

1）绘制出书房地面铺装设计图，书房空间长 3.6m，宽 3.3m，预先摆放书柜。

2）计算铝合金发光踢脚线价格：测量各墙体长度，计算出安装周长为 13m，铝合金发光踢脚线总计 13m×45 元 / m×1.2 = 702 元。

3）计算辅助材料价格：包括电源线、整流器、卡扣件、管线布设等粗略共计 50 元。

4）踢脚线主要材料价格为：铝合金发光踢脚线总计 702 元 + 辅助材料总计 50 元 = 752 元。

3.4 涂料用量计算

涂料品种较多，多用于各种构造、界面的涂刷装饰，主要分为水性涂料与油性涂料两大类，水性涂料有乳胶漆、真石漆等，油性涂料有硝基漆等。随着环保理念逐渐深入人心，大多数情况下都会用水性涂料，这类液态装饰材料的用量很难精准计算，涂装时既要保证涂刷质量，又要避免涂膜过厚导致出现开裂、脱落等问题，着实比较麻烦。本节主要介绍乳胶漆、丙烯酸水性漆的用量计算方法。

3.4.1 乳胶漆

1. 乳胶漆特性

乳胶漆是以合成树脂乳液为基料，加入颜料、填料与各种助剂配制而成的水性涂料，因此又称合成树脂乳液涂料。乳胶漆质地柔滑、细腻，遮盖能力强，适用于墙面、顶棚。

2. 乳胶漆规格

根据乳胶漆使用部位的不同，可以将其分为内墙乳胶漆与外墙乳胶漆。其中最常用的是内墙乳胶漆，以白色为主，多为桶装，单桶容量有 1L、5L、15L、18L 等多种容量，其中 18L 的居多，普通内墙乳胶漆涂装量为 12 ~ 15 m^2/L（图 3-19、图 3-20）。

图 3-19　乳胶漆

图 3-20　乳胶漆调色
←乳胶漆可自由调色，调色前购置好合适的色浆，然后用清水稀释后缓缓倒入乳胶漆中，反复搅拌至均匀即可使用。

3. 乳胶漆选购方法

建议选购主流品牌产品，可通过产品防伪查询码验证真伪。优质的乳胶漆黏稠度应比较均衡，白度适中，不会过度刺眼或灰暗，用手指拿捏还能感受到一定黏度，用木棍搅拌后也无沉淀感，用木棍挑起乳胶漆，液体还能形成均匀、完整的扇面。

4. 计算方法

下面以一套家居住宅空间为例，全房除厨房、卫生间、阳台外，全部涂刷乳胶漆，以此介绍乳胶漆成本的计算方法（图 3-21）。

图 3-21　家居住宅平面设计图

市场价格：18L 白色乳胶漆的市场价格在 380 元 / 桶左右。

主材用量 = 涂刷面积 ÷12m²/L。

主材价格 = 涂刷用量 ÷18L×380 元 / 桶。

1）绘制出家居室内平面图，该住宅需要涂刷乳胶漆的空间为客厅、餐厅、走道、卧室 1、卧室 2。

2）计算顶棚涂刷价格：测量需要涂刷乳胶漆的顶棚的面积，客厅、餐厅、走道顶棚面积之和为 38.2m²，卧室 1 为 16.1m²，卧室 2 为 12.2m²，总计 66.5m²。顶棚乳胶漆材料价格为：66.5m² ÷12m²/L ÷18L×380 元 / 桶 ≈117.0 元。

3）计算墙面涂刷价格：测量需要涂刷乳胶漆的墙面的地面周长，客厅、餐厅、走道共 25.2m，卧室 1 为 14.2m，卧室 2 为 11.3m，总计 50.7m。周长 50.7m× 墙面高 2.75m − 门窗洞口适度面积 9.6m² ≈ 墙面涂刷乳胶漆面积 129.8m²。墙面涂刷乳胶漆材料价格总计为 129.8m² ÷12m²/L ÷18L×380 元 / 桶 ≈228.4 元。

4）计 算 石 膏 粉、腻 子 粉 价 格：石 膏 粉 用 量 规 格 为 0.5kg/m²，顶棚与墙面的石膏粉材料总价为 0.5kg/m² ×（66.5m² + 129.8m²）×3 元 /kg≈294.5 元；腻子粉用量规格为 1kg/m²，顶棚与墙面的腻子粉材料总价为 1kg/m² × （66.5m² + 129.8m²）× 1 元 / kg=196.3 元。石膏粉、腻子粉材料价格为 294.5 元 + 196.3 元 =490.8 元。

5）计算辅助材料价格：包括分色小桶、美纹纸、刮刀刮板、滚筒、刷子等粗略共计 100 元。

6）乳胶漆主要材料价格为：顶棚涂刷总计 117.0 元 + 墙面涂刷总计 228.4 元 + 石膏粉、腻子粉总计 490.8 元 + 辅助材料总计 100 元 ≈936.2 元。

3.4.2 丙烯酸水性漆

1. 丙烯酸水性漆特性

丙烯酸水性漆以丙烯酸改性水性聚氨酯为主要原料，对人体无害，不污染环境，漆膜丰满、晶莹透亮、柔韧性好，具有耐水、耐磨、耐老化、耐黄变、干燥快、使用方便等特点。

2. 丙烯酸水性漆规格

丙烯酸水性漆根据品质可分为单组分与双组分两种，单组分产品打开包装可直接使用，可加普通清水搅拌稀释；双组分产品分为主漆与分散剂两种包装，在使用时应根据需要将二者调和搅拌。最常用的丙烯酸水性漆是单组分的，采用桶装，单桶容量有 1L、2L、5L 等多种容量，其中 5L 居多，丙烯酸水性漆涂装量为 3 ~ 4m²/L（图 3-22、图 3-23）。

图 3-22 丙烯酸水性漆

图 3-23 丙烯酸水性漆涂刷木材

←应用软毛刷均匀平涂，以使涂料覆盖并渗透到木质纤维中去，最终达到木质材料表面封闭，呈现出光亮、洁净的装饰效果。

3. 丙烯酸水性漆选购方法

建议选购主流品牌产品，可通过产品防伪查询码验证真伪。目前市场上还存在一部分伪水性漆，使用时需要"专用稀释水"，对人体危害很大。

4. 计算方法

下面以把一架实木书柜内外全部涂刷丙烯酸水性漆为例，介绍丙烯酸水性漆的成本计算方法（图 3-24）。

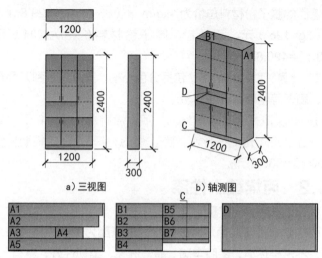

a）三视图   b）轴测图

c）2440mm×1220mm×18mm 生态板拆分图

图 3-24　实木书柜设计图

市场价格：5L 丙烯酸水性漆的市场价格在 160 元 / 桶左右。

主材用量 = 涂刷面积 ÷3m^2/L。

主材价格 = 主材用量 ÷5L×160 元 / 桶。

1）绘制出实木书柜三视图与轴测图，书柜正立面宽 1.2m，高 2.4m，深 0.3m。

2）计算书柜涂料价格：将衣柜中的板材全部拆解展开，依次编号并拼接整齐，测量拼接后的板材面积，总计 8.3m^2×2 面 ÷3m^2/L÷5L×160 元 / 桶 ≈177.1 元。

3）计算辅助材料价格：包括修补腻子、原子灰、小桶、美纹纸、刮刀刮板、滚筒、刷子等粗略共计 30 元。

4）丙烯酸水性漆主要材料价格为：书柜涂料总计 177.1 元 + 辅助材料总计 30 元 =207.1 元。

3.5　壁纸与集成墙板铺贴计算

壁纸与集成墙板主要用于各种墙面与家具立面，能弥补乳胶漆涂刷效果单一的缺陷。壁纸与集成墙板价格较高，铺贴需要一定施工经验，因此整体成本较高，应当精确计算材料用量。本节主要介绍常规壁纸与集成墙板的用量计算方法。

3.5.1　壁纸

1. 壁纸特性

壁纸是裱糊墙面的室内装修材料，广泛用于现代住宅等室内装修中。壁纸材质不局限于纸，也包含其他材料，具有色彩多样、图案丰富、豪华气派、安全环保、施工方便、价格适宜等多种特点。壁纸品种较多，如覆膜壁纸、涂布壁纸、压花壁纸等，该材料具有一定的强度、韧度、美观的外表和良好的抗水性能。

2. 壁纸规格

我国生产的壁纸都以"卷"为单位进行包装、销售，每卷长度 10m，宽度有 500mm 与 750mm 两种规格，目前以宽度为 500mm 的产品居多，每卷约能铺贴 5m²。壁纸图案会影响壁纸的铺装损耗率，较大的团形图案需要在铺贴过程中对齐图案，损耗较大；垂直条形图案无须对齐图案，几乎无损耗（图 3-25）。

图 3-25　壁纸
← PVC 壁纸图案色彩丰富，具有较好的装饰效果，这种壁纸表面的凸凹感纹理具有较好的视觉效果，壁纸背面平整但不光滑，吸附性较强。

3. 壁纸选购方法

选购壁纸时可用手拿捏壁纸，具有一定韧性的壁纸产品抗皱褶效果好，还可用水浸湿壁纸样品的单面，优质壁纸不会完全被渗透。

4. 计算方法

下面以一处卧室套间为例，包含卧室、书房两个空间，墙面全部铺贴壁纸，以此介绍壁纸成本的计算方法（图 3-26）。

市场价格：500mm 宽壁纸的市场价格在 40 元 / 卷左右。

主材用量 = 壁纸铺贴面积 ÷5m²/ 卷 ×（1+ 损耗率 0.2）。

主材价格 = 壁纸用量 ×40 元 / 卷。

1）绘制出卧室、书房套间平面图，该套间需要铺贴壁纸的空间为卧室、书房。

2）计算铺贴面积：顶棚涂刷乳胶漆，无须计算在内，要计算的是铺贴壁纸的墙面面积。两房间墙面

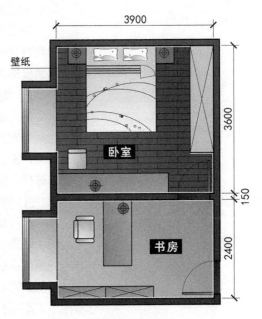

图 3-26　卧室书房套间平面设计图

铺贴面积合计为：地面周长 25m × 房间高度 2.6m − 门窗面积 4.2m² = 60.8m²。

3）计算壁纸价格：得出墙面铺贴面积后，可计算出壁纸用量价格为：墙面铺贴面积 60.8m² ÷ 5m²/卷 × 1.2 × 40 元/卷 ≈ 583.7 元。

4）计算石膏粉、腻子粉价格：石膏粉用量规格为 0.5kg/m²，墙面消耗石膏粉总价为 0.5kg/m² × 60.8m² × 3 元/kg = 91.2 元；腻子粉用量规格为 1kg/m²，墙面综合消耗腻子粉总价为 1kg/m² × 60.8m² × 1 元/kg = 60.8 元。石膏粉、腻子粉共计 91.2 元 + 60.8 元 = 152 元。

5）计算辅助材料价格：辅助材料包括壁纸胶、基膜、刮刀刮板、滚筒、刷子等，其中壁纸胶用量为平均铺贴 1 卷壁纸需要 0.25kg，均价为 28 元/kg，基膜用量为平均铺贴 1 卷壁纸需要 0.25kg，均价为 48 元/kg，综合计算壁纸胶与基膜用量规格为 19 元/卷，共计 60.8m² ÷ 5m²/卷 × 1.2 × 19 元/卷 ≈277.2 元。

6）壁纸主要材料价格为：壁纸用量总计 583.7 元 + 石膏粉、腻子粉总计 152 元 + 辅助材料总计 277.2 元 =1012.9 元。

3.5.2 集成墙板

1. 集成墙板特性

集成墙板主要由竹木纤维、碳纤维和高分子材料等经过高压制成的室内装饰墙板。墙板表面采用高温覆膜或滚涂工艺，既有壁纸丰富的色彩和图案，又能增加立体感。经过国内权威部门多项检测的集成墙板均符合使用标准。

集成墙板具有保温、隔热、隔声、防火、防潮等多重功能，这种材料硬度强、绿色环保、安装便捷、易清洁，是今后室内墙面装修的流行材料。

2. 集成墙板规格

集成墙板多为定制产品，长度为 6m，可以根据需要定制裁切，然后再发货运输到安装现场，宽度有 300mm、600mm、900mm 多种，能满足不同场合的需要，厚度则为 9 ~ 12mm，可根据需求选择厂家的产品（图 3-27、图 3-28）。

3. 集成墙板选购方法

最简单的方法是闻气味，优质产品无任何异味，如有刺鼻气味，则属于不合格产品；还可观察墙板的厚度和颜色，集成墙板的厚度多在 10mm 左右，优质墙板截面为米黄色，无杂点，否则可能是回收材料制作而成。

4. 计算方法

下面以家居住宅公共空间为例，包含客厅、餐厅、走道等空间，墙面全部铺贴集成墙板，以此介绍成品墙板用量与成本的计算方法（图 3-29）。

图 3-27 集成墙板
↑集成墙板多为竹炭纤维制品，环保性能好，中空构造具有隔声效果。

图 3-28 集成墙板应用效果
↑集成墙板可用免钉胶直接安装，覆盖整个墙面，装饰造型丰富多变，不占用室内空间。

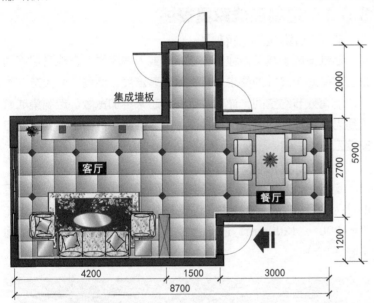

图 3-29 家居住宅公共区域平面设计图

市场价格：600mm 宽集成墙板的市场价格在 40 元 / m² 左右。

主材用量 = 墙板铺贴面积 ×（1+ 损耗率 0.2）。

主材价格 = 墙板材料用量 ×40 元 / m²。

1）绘制出家居住宅公共空间平面图，需要铺贴集成墙板的空间为客厅、餐厅、走道。

2）计算铺贴面积：测量需要铺贴集成墙板的面积，顶棚涂刷乳胶漆面积，无须计算在内。各空间墙面铺贴面积为：地面周长 29.2m × 房间高度 2.65m －门窗面积 14.4m²≈63m²。

3）计算集成墙板价格：得出上述墙面铺贴面积后，可计算出集成墙板用量价格为墙面铺贴面积 $63m^2 \times 40$ 元 $/ m^2 \times 1.2 \approx$ 3024 元。

4）计算辅助材料价格：包括基础预埋件、膨胀螺钉、结构胶、收口边条等，粗略共计 200 元。

5）铺贴集成墙板主要材料价格为：集成墙板价格 3024 元 + 辅助材料总计 200 元 =3224 元。

3.6 定制集成家具计算

定制集成家具是家居装修的重要组成部分，当传统装修工艺不便于实施时，就需要在工厂对原材料进行加工制作，加工完成后，将其运输至施工现场再进行快速组装，这种加工方式不仅能大幅度提高施工效率，还能降低生产、安装的成本。

3.6.1 定制集成家具概述

1. 定制集成家具特性

定制集成家具又被称为集成家具或入墙家具，它能满足不同家居空间对于尺寸的要求，能减轻安装难度，造型时尚大方，同时还能有效节约空间，让室内空间看起来更加宽敞。定制集成家具是当下很流行的一种家具类型，产品品质与价格主要受板材与安装工艺的影响。

2. 定制集成家具规格

定制集成家具的高度根据需要可设计到室内顶部，宽度可设计为整面墙或转角造型，深度多为 600mm，可根据需要加大到 800 ~ 1200mm，还可做成围合造型的衣帽间或储物间（图 3-30）。

图 3-30 定制集成家具
→定制集成家具的最大优势在于不用现场制作，但是又能与现场空间尺寸完美贴合，家具加工精度高，制作精细，耐用性好，柜体与表面的装饰可以任意设计定制。

3. 定制集成家具选购方法

选购时要注重材质，集成衣柜板材的品质从低到高，主要分为纤维板（密度板）、刨花板（颗粒板）、多层板（胶合板）、实木板 4 种，其中实木板综合性能最佳，价格最高。

此外，柜体封边也很关键，如果封边不好，前 3 种板材中的甲醛便很容易释放出来，封边爆开也会影响美观。在选购定制集成家具时还需重点注意五金件，尤其是铰链的质量，高档产品多配套全不锈钢铰链，这种铰链具有开启角度固定与磁吸等优良功能。

3.6.2 定制集成衣柜价格计算

下面以定制集成衣柜为例，介绍定制集成衣柜的成本计算方法（图 3-31）。

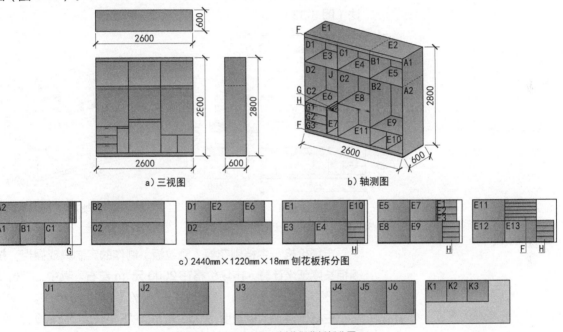

图 3-31 定制集成衣柜设计图

市场价格：中档刨花板（颗粒板）制作的定制集成衣柜，将板材展开后计算，市场价格在 180 元 /m² 左右。

主材用量：制作平开门衣柜，按衣柜板材展开面积计算。

主材价格 ≈ 衣柜主体板材展开投影面积 × 180 元 /m² + 衣柜背后板材展开投影面积 × 150 元 /m²。

1）绘制出定制集成衣柜的三视图与轴测图，衣柜正立面宽 2.6m、高 2.8m、深 0.6m。

2）计算主要板材价格：将衣柜中的板材全部拆解展开，衣柜的板材主要为厚 18mm 的刨花板，将所有部件分配到 2440mm × 1220mm 的板材上，并进行编号，衣柜板材展开面积共计 26.2m²。厚 18mm 刨花板的价格为 16.9m²×180 元 /m² = 3042 元，厚 9mm 刨花板的价格为 9.3m²×150 元 /m² = 1395 元，共计 4437 元。

3）计算抽屉价格：柜体柜门制作完成后，每加一个抽屉增加 100 元，共计 3 个抽屉 ×100 元 / 个 = 300 元。

4）计算五金件价格：铝合金挂衣杆 2.8m×25 元 /m = 70 元，拉手 3 个 ×6 元 / 个 = 18 元，共计 88 元。

5）定制集成衣柜主要材料价格为：板材总计 4437 元 + 抽屉总计 300 元 + 五金件总计 88 元 = 4825 元。

3.6.3 定制集成橱柜价格计算

下面以定制集成橱柜为例，介绍定制集成橱柜的成本计算方法（图 3-32）。

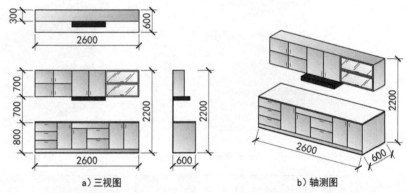

a）三视图　　　　　　b）轴测图

图 3-32　定制集成橱柜设计图

市场价格：中档刨花板（颗粒板）制作的定制集成橱柜，按橱柜长度延米计算，市场价格在 2000 元 /m 左右，其中上柜价格占 30%（600 元 /m），下柜价格占 70%（1400 元 /m）。

主材价格 = 上柜长度 ×600 元 /m + 下柜长度 ×1400 元 /m。

1）绘制出定制集成橱柜的三视图与轴测图，橱柜正立面宽 2.6m、高 2.2m、深 0.6m。

2）计算主要柜体价格：分别计算上柜与下柜的长度，上柜价格为 2.6m×600 元 /m = 1560 元，下柜价格为 2.6m×1400 元 /m = 3640 元，共计 1560 元 + 3640 元 = 5200 元。

3）计算抽屉价格：柜体柜门制作完成后，每加一个抽屉增加 150 元，共计 5 个抽屉 ×150 元 / 个 = 750 元。

4）计算配件价格：上柜玻璃柜门 2 扇 ×100 元 / 扇 = 200 元，下柜拉篮 2 件 ×150 元 / 件 = 300 元，台面石材 2.6m×350 元 /m = 910 元，共计 1410 元。

5）定制集成橱柜主要材料价格为：主要柜体总计 5200 元 + 抽屉总计 750 元 + 配件总计 1410 元 = 7360 元。

3.7　水管、电线耗材快速估算

　　水管电线在装修中常常为竣工结算，即在预算中设定一个预估数值，这个预估值是根据装修企业多年的施工经验总结而来的，又称为估算。随着经验的积累与改进，快速估算越来越精准，下面分别介绍给水管、排水管、电线的快速估算方法。

3.7.1　给水管、排水管耗材快速估算

　　现代装修多将 PPR 管作为给水管，将 PVC 管作为排水管，安装时需要搭配各种配套管件，并通过热熔焊接来完成施工。主要安装区域集中在厨房、卫生间、阳台等空间，其中厨房、卫生间是给水排水的主要空间，在快速估算时主要对这两处空间进行精确计算，阳台等其他空间根据实际长度估算或在结算时另行增补即可。

　　给水管与排水管的管道材质与施工工艺虽然不同，但是材料价格与安装难度相当，因此在快速估算时可以综合计算。

　　下面以相邻的厨房、卫生间和阳台空间为例，介绍给水排水管的计算方法（图 3-33）。

　　市场价格：PPR 管与 PVC 管按长度延米计算，市场价格均在 15 元 /m 左右。

　　主材用量：厨房、卫生间等主要用水空间周长 × 系数 2.5。

　　主材价格 = 用水空间周长 × 系数 2.5×15 元 /m。

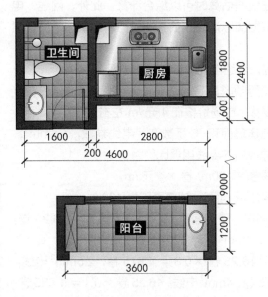

图 3-33　厨房卫生间与阳台设计图

1）绘制出厨房、卫生间、阳台的平面图，厨房长 2.8m、宽 1.8m，卫生间长 2.4m、宽 1.6m。

2）计算厨房、卫生间周长：厨房周长为 9.2m，卫生间周长为 8m，共计周长 9.2m + 8m = 17.2m。

3）计算厨房、卫生间给水排水管综合价格：17.2m×2.5×15 元 /m = 645 元。

4）计算其他空间给水排水管价格：阳台给水排水管根据实际情况，按周长的 0.5 倍、1 倍、1.5 倍计算，如按周长 1 倍计算周长为 9.6m，从厨房到阳台的给水管按两处空间的直线距离计算，以 9m 为例，阳台给水排水管耗材综合价格为（9.6m + 9m）×15 元 /m = 279 元。

5）给水排水管主要材料价格为：厨房、卫生间给水排水管材料总计 645 元 + 阳台给水排水管材料总计 279 元 = 924 元。

3.7.2　电线耗材快速估算

现代装修多将单股电线作为主要电源线，外部套接 ϕ 18mmPVC 穿线管保护。电源线规格主要为 1.5mm²、2.5mm²、4mm² 三种，其中 1.5mm² 电线用于普通照明与普通电器插座，2.5mm² 电线用于电器插座与小功率空调，4mm² 电线用于中等功率热水器、空调，少数别墅住宅中的大型电器设备会用 8mm² 电线。

在普通家居住宅中，这些电线的数量会根据户型面积、空间结构来购置，但是在长期实践中，我们也总结出了十分精准的规律，即在正常中档装修环境下，住宅的建筑面积与电线卷数（100m/卷）相对应，因此在快速估算时可以综合计算。此外，网线、电视线等弱电线可以根据实际需要预估，一般与户型整体长边距离相当。

下面以住宅为例，介绍电线的计算方法（图 3-34）。

市场价格：以使用频率最高的 2.5mm² 电线为基准，按长度延米计算，配合穿线管，市场价格在 4 元 /m 左右。

主材用量：住宅建筑面积 ÷ 系数 8 = 电线卷数，1.5mm²、2.5mm²、4mm² 三种规格的电线用量比例为 3：6：1。

主材价格 = 电线卷数 100m/ 卷 ×4 元 /m。

1）绘制出住宅整体平面图，建筑面积为 130m²。

2）计算电源线用量：建筑面积 130m² ÷ 系数 8 = 16.25 卷。按 1.5mm²、2.5mm²、4mm² 三种规格电线用量比例为 3：6：1 计算，1.5mm² 电线：16.25 卷 ×0.3 = 4.875 卷，2.5mm² 电线：16.25 卷 ×0.6 = 9.75 卷，4mm² 电线：16.25 卷 ×0.1 = 1.625 卷。

3）计算电源线价格：根据上述计算，按整数采购原则，1.5mm²

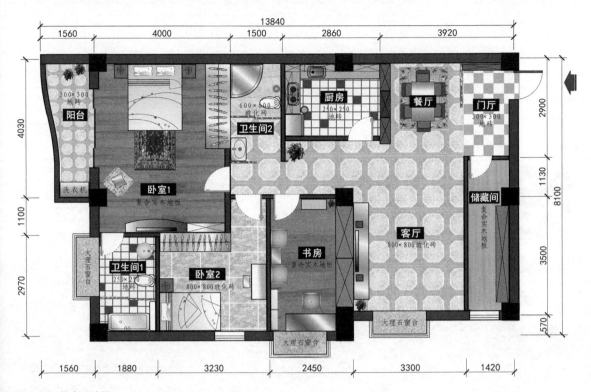

图 3-34　住宅设计图

电线需要 5 卷（2 卷红线、2 卷蓝线、1 卷黄绿线），2.5mm² 电线需要 10 卷（4 卷红线、4 卷蓝线、2 卷黄绿线），4mm² 电线需要 2 卷（1 卷红线、1 卷蓝线），共需要 17 卷电线（100m/ 卷），搭配穿线管后，按 2.5mm² 电线的价格计算，电源线价格为17 卷 ×100m/ 卷 ×4 元 /m = 6800 元。

4）计算其他弱电线价格：现代住宅多为无线 WIFI 网络，可根据需要配有线电视，网线长度与电视线长度分别与户型整体长边距离相当，该户型长边长度有 13m，网线与电视线综合价格为13m×2 倍 ×4 元 /m = 104 元。

5）电线主要材料价格为：电源线总计 6800 元 + 弱电线总计104 元 = 6904 元。

第4章

施工工艺与预算调整

识读难度：★★★★☆

重点概念：拆除、水路、电路、防水、墙砖、
地砖、隔墙、吊顶、柜体、涂饰、
壁纸、门窗

章节导读：施工工艺水平直接影响预算费用，专业技术水平高、效率高的施工员的劳务费用相对也较高，同时施工时对辅助材料的质量要求也较高，施工过程中多会运用较昂贵的电动工具，而这些都会产生较大的工具、设备损耗，这也直接影响到了预算费用。本章将对家居装修施工中的各项工艺进行细致解析，并分析其装修施工费用，主要包含人工费与部分器械损耗费等。

4.1 拆除施工计量与预算

拆除墙体并将其改造成门窗洞口，能最大化地利用空间，这也是常见的改造手法。拆墙的目的很明确，就是为了开拓空间，使阴暗、狭小的空间变得明亮、开敞。在改造施工中要谨慎操作，注意拆墙不能破坏周边构造，要保证住宅构造的安全性。

4.1.1 拆除施工方法

1）分析预拆墙体的构造特征，确定能否被拆除，使用深色记号笔在能拆的墙面上做出准确标记（图 4-1）。

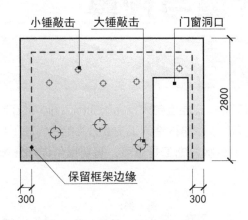

图 4-1 拆除墙体敲击部位示意图
←敲击点位应尽量分散且均衡，每个点位之间的间距要保持相近。

2）使用电锤或钻孔机沿拆除标线做密集钻孔。

3）使用大铁锤敲击墙体中下部，使砖块逐步脱落，再用小铁锤与凿子修整墙洞边缘（图 4-2、图 4-3）。

4）将拆除界面清理干净，用水泥砂浆修补墙洞，待干并养护七天。

图 4-2 敲击墙体中下部

图 4-3 修整墙洞边缘

4.1.2　拆除施工费计算

人力锤击墙体的效率与墙体结构、厚度有直接关系。

以 240mm 厚的轻质砖为例，人力锤击的工作速度约为 40m²/ 日（墙面面积），日均工资 500 元，折合计算拆除施工费为 12.5 元 /m²，加上工具损耗与装袋费用，最终的拆除施工费为 15 元 /m²。

其中包含锤击、拆除、修边、建筑垃圾装袋整理等一系列工作，但不包括将建筑垃圾搬离现场，其他厚度的隔墙可适当增减施工费，但增减幅度不超过 50%。

4.2　水路施工计量与预算

水路改造是指在现有水路构造的基础上对管道进行调整，水路布置则是指对水路构造进行全新布局。

水路施工前一定要绘制比较完整的施工图，并在施工现场与施工员交代清楚。水路构造施工主要分为给水管施工与排水管施工两种，其中给水管施工是重点，需要提供详细图纸指导施工（图 4-4）。

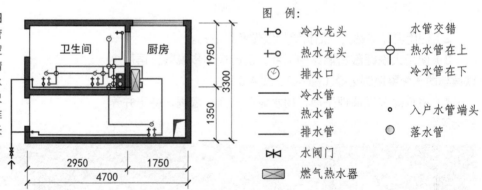

图 4-4　水路施工图
→各种给水排水管道分配应当具有逻辑，管道走向应清晰，用水点、排水点要准确且附带尺寸，要能以此精准测量推算出管道长度。

4.2.1　水路施工方法

1）查看厨房、卫生间的施工环境，找到排水管出口。现在大多数商品房住宅将排水管引入厨房与卫生间后就不做延伸了，在水路施工时需要对排水口进行必要延伸，但是不能改动原有管道的入户方式。

2）根据设计要求在地面上测量管道尺寸，进行给水管下料并预装。厨房地面一般与其他房间等高，如果要改变排水口位置，只能紧贴墙角做明装，待施工后期再用地砖铺贴转角做遮掩，或用橱柜遮掩。下沉式卫生间不能破坏原有地面防水层，管道应在防水层上布置安装，如果卫生间地面与其他房间等高，最好不要对排水管进行任何修改，包括延伸、变更，否则需要砌筑地台，会给出入卫生间带来不便。

3）布置周全后仔细检查水路布置是否合理，若无异常便可正式胶接安装，应采用各种预埋件与管路支托架固定给水管（图 4-5 ～图 4-8）。

4）用盛水容器向各排水管灌水试验，观察排水能力以及是否漏水，局部可以使用水泥加固管道。下沉式卫生间需用细砖渣回填平整，回填时注意不要破坏管道。

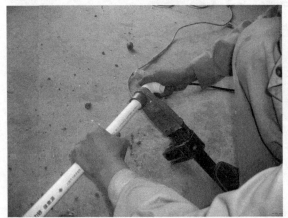

图 4-5　给水管热熔焊接

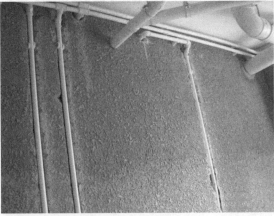

图 4-6　给水管安装固定

图 4-7　排水管涂胶

图 4-8　排水管黏贴固定

4.2.2　水路施工费计算

水路施工看似复杂，在精准的设计图的规范下，施工起来会比较容易。家居住宅中的卫生间、厨房、阳台等用水空间的施工工程量相差很小，单个空间的工作面积多为 4 ～ 8m²。

1 名施工员每日能完成 1 处卫生间的给水排水施工，3 天能完成 2 处卫生间、1 处厨房、1 处阳台的全部给水排水施工，后期安装各种洁具、设备、配件约 1 天，总计为 4 天，日均工资 500 元，人工费总计 2000 元，上述空间约 20m²，则最终的水路施工费为 100 元 /m²。

其中包含墙面、地面管道槽口开凿；给水排水管道安装布置；水压测试；封闭管槽；建筑垃圾装袋整理；后期安装等一系列工作，但不包括将建筑垃圾搬离现场，注意水路施工费用的增减幅度不超过 10%。

4.3 电路施工计量与预算

电路改造与布置更复杂，涉及强电与弱电两种电路，强电可以分为照明、插座、空调电路；弱电可以分为电视、网络、电话、音响电路等，二者改造与布置方式基本相同。电路施工在装修中涉及的面积最大，遍布整个住宅，现代装修要求全部线路都隐藏在顶棚、墙面、地面及装修构造中，施工时需要严格操作。

4.3.1 强电施工方法

强电施工是电路改造与布置的核心，应正确选用电线型号，合理分布。

1）根据完整的电路施工图现场草拟布线图，使用墨线盒弹线定位，在墙面上标出线路终端插座、开关面板位置，并对照图纸检查是否有遗漏（图 4-9 ~图 4-12）。

图 4-9　强电设计示意图
→预先绘制简要电路图，理清线路之间的逻辑关系，数清插座、开关面板的数量并进行采购。

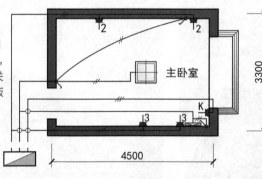

→用电锤或开槽机在墙面、地面开槽，将管线埋入墙体后用水泥砂浆封闭固定。

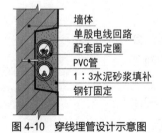
图 4-10　穿线埋管设计示意图

图 4-11　墙面定位

图 4-12　放线标记

2）在顶棚、墙面、地面开线槽，线槽宽度及数量根据设计要求来定。埋设暗盒，敷设PVC电线管，将单股线穿入PVC管（图4-13、图4-14）。

3）安装空气开关、各种开关插座面板、灯具等设备，并通电检测。

4）根据现场实际施工状况完成电路布线图，备案并复印交给下一工序的施工员。

图 4-13　电线穿管

图 4-14　管线布置

4.3.2　弱电施工方法

弱电是指电压低于36V的传输电能，主要用于信号传输，电线内导线较多，传输信号时容易形成弱电磁脉冲。

弱电施工的方法与强电基本相同，同样需参考详细的设计图纸，在电路施工过程中，强电与弱电可同时操作，但要特别注意添加防屏蔽构造与措施。对于各种传输信号的电线应当采用带防屏蔽功能的PVC穿线管，一些高档产品自身具有防屏蔽功能。

较复杂的弱电还有音响线、视频线等，弱电可布置在吊顶内或墙面高处，强电布置在地面或墙面低处，将二者系统地分开，既符合安装逻辑，又能高效、安全地传输信号（图4-15～图4-17）。

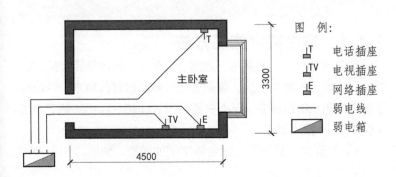

图 例：

⌐T　电话插座
⌐TV　电视插座
⌐E　网络插座
———　弱电线
▧　弱电箱

图 4-15　弱电设计示意图

←弱电构造简单，具体布置应当根据生活习惯与使用要求来设计，可与强电同时施工，但是要分开布置管线。

图 4-16 强电、弱电线路布置

图 4-17 弱电箱布置

4.3.3 电路施工费计算

电路施工比较复杂，但是设计图纸清晰明确，施工起来效率较高。家居住宅中的各个空间都涉及电路，以常规两室两厅一厨一卫 90m² 住宅为例：

1 名施工员每日能完成 15m² 的电路施工，需要 6 天完成全房的穿管、布线工作，后期安装各种灯具、开关面板、电器设备、配件约需 2 天，总计为 8 天，日均工资 500 元，人工费总计 4000 元，则最终的电路施工费约为 45 元 /m²。

其中包含墙面、地面管道槽口开凿；强电、弱电管道安装布置；封闭管槽；建筑垃圾装袋整理；后期安装等一系列工作，但不包括将建筑垃圾搬离现场，注意电路施工费用的增减幅度不超过 10%。

4.4 防水施工计量与预算

给水排水管道都安装完毕后，就需要开展防水施工。所有毛坯住宅的厨房、卫生间、阳台等空间的地面原来都有防水层，但是所用的防水材料不确定，防水施工质量不明确，因此无论原来的防水效果如何，装修时都应当重新检查并制作防水层。

4.4.1 室内防水施工方法

室内防水施工主要适用于厨房、卫生间、阳台等经常接触水的空间，施工对象为地面、墙面等水分容易附着的地方。目前用于室内的防水材料很多，下面主要介绍 K11 防水涂料的施工方法（图 4-18 ~图 4-22）。

1）将厨房、卫生间、阳台等空间的墙面、地面清扫干净，保持界面平整、牢固,对凹凸不平及裂缝处用 1：2 水泥砂浆抹平,并洒水润湿防水界面。

2）选用优质防水浆料,依据产品包装上的说明,按比例将其与水泥准确调配在一起,调配均匀后静置 20 分钟以上。

3）分层涂覆地面、墙面,一般需涂刷 2 ~ 3 遍,涂层应均匀,间隔时间应大于 12 小时,以干而不黏为准,涂层总厚度在 2mm 左右。

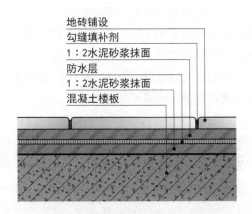

地砖铺设
勾缝填补剂
1：2水泥砂浆抹面
防水层
1：2水泥砂浆抹面
混凝土楼板

图 4-18　防水层设计示意图
‹ 防水层多为柔性材料,容易受到外界破坏,因此表面应当用水泥砂浆作为保护层。

图 4-19　浸湿墙面

图 4-20　粉料调配

图 4-21　均匀搅拌

图 4-22　滚涂

4）滚涂完毕后须认真检查，填补局部转角部位或用水率较高的部位，待干。

5）使用素水泥浆将整个防水层涂刷一遍，待干。

6）用封闭灌水的方式进行防水实验，如果 48 小时后检测无渗漏，则可进行后续施工。

4.4.2 防水施工费计算

防水施工比较简单，防水质量主要在于施工员的职业责任，以常规住宅为例，两处卫生间、一处厨房、一处阳台，共计占地面积 20m²，需要涂刷防水涂料的面积约为 50m²。

1 名施工员每日能完成 50m² 的涂刷工作，涂刷 3 遍，日均工资 600 元，则最终的防水施工费约为 12 元 /m²。

其中包含墙面、地面滚涂；刷涂；修补；试水等一系列工作，注意防水施工费用的增减幅度不超过 10%。

4.5 墙砖、地砖施工计量与预算

铺装施工技术含量较高，需要经验丰富的施工员，多讲究平整、光洁，是家居装修施工的重要工程，墙面、地面的装饰效果主要通过铺装施工来表现。本节主要介绍墙砖、地砖等材料的铺装方法，施工时应特别注重材料表面的平整度与缝隙宽度。在施工过程中，应频繁用水平尺校对铺装构造的表面平整度，频繁用尼龙线标记铺装构造的厚度，频繁用橡皮锤敲击砖材的四个边角，这些都是控制铺装平整度的重要操作方式。

4.5.1 墙砖铺装方法

装修中的墙砖铺贴是技术性极强且非常耗费工时的施工项目。一直以来，墙砖铺装水平都是衡量装修质量的重要参考。现代装修所用的墙砖体块越来越大，如果不得要领，铺贴起来会很吃力，而且效果也不好。墙砖铺装要求粘贴牢固、表面平整、垂直度标准，所以施工难度较高（图 4-23 ~ 图 4-25）。

1）清理墙面基层，铲除水泥疙瘩，平整墙角，但是不要破坏防水层，将用于铺贴墙面的瓷砖浸泡在水中，3 ~ 5 小时后取出晾干。

2）配置 1：1 水泥砂浆或素水泥待用，洒水润湿墙面基层并放线定位，精确测量转角、管线出入口的尺寸并裁切瓷砖。

3）在瓷砖背部涂抹水泥砂浆或素水泥，从下至上准确铺贴到墙面上，保留的缝隙宽度要根据瓷砖特点来定制。

4）用瓷砖专用填缝剂填补缝隙，用干净抹布将瓷砖表面擦干净，养护待干。

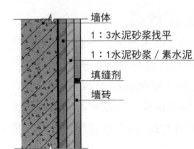

墙体
1：3水泥砂浆找平
1：1水泥砂浆 / 素水泥
填缝剂
墙砖

图 4-23　墙砖铺装示意图
←防水层多为柔性材料，容易受到外界破坏，因此表面应当用水泥砂浆做一层保护层。

图 4-24　墙砖浸泡

4.5.2　地砖铺装方法

地砖一般为高密度瓷砖、抛光砖、玻化砖等，铺贴的规格较大，不能有空鼓存在，铺贴厚度也不能过高，应避免与地板形成较大落差，因此，地砖铺贴难度相对较大（图 4-26 ~ 图 4-30）。

1）清理地面基层，铲除水泥疙瘩，平整墙角，但是不要破坏楼板结构，选出具有色差的砖块。

图 4-25　墙砖铺贴

2）配置 1：2.5 水泥砂浆待用，洒水润湿地面基层，放线定位，精确测量地面转角与开门出入口的尺寸，并对瓷砖做裁切。普通瓷砖与抛光砖仍须浸泡在水中，3 ~ 5 小时后取出晾干，可预先摆放地砖并依次标号待用。

3）在地面涂抹平整较干的水泥砂浆、在地砖背面涂抹湿砂浆，依次将地砖铺贴在地面上，保留的缝隙宽度需根据瓷砖特点来定制。

4）用专用填缝剂填补缝隙，用干净抹布将瓷砖表面的水泥擦拭干净，养护待干。

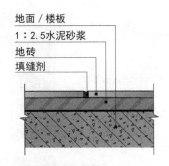

地面 / 楼板
1：2.5水泥砂浆
地砖
填缝剂

图 4-26　地砖铺装示意图
↑地砖铺装对平整度要求很高，在铺装过程中要不断校正表面平整度，保持 0 高差。

图 4-27　地砖切割

图 4-28　调配两种湿度的水泥砂浆

图 4-29　预铺装

图 4-30　地砖背面涂抹湿砂浆

4.5.3 墙砖、地砖施工费计算

墙砖、地砖施工属于装修中的高技术施工，需要施工者具有丰富的施工经验与耐心，依据设计需要对砖块材料进行切割加工。在现代家居住宅中，墙面、地面综合铺装面积为 60 ~ 120m²，其中墙砖铺装工艺难度较大，对铺贴厚度、表面平整度、垂落幅度都有要求。地砖的铺装难度相对较低，但是也有严格规范，要求绝对的平整度。

1 名施工员每日能完成约 8m² 的墙砖铺贴工作，或约 10m² 的地砖铺贴工作，日均工资 500 元，则最终的墙砖施工费约为 63 元 /m²，地砖施工费约为 50 元 /m²。

其中包含挑选墙砖、地砖；浸泡；放线定位；配置砂浆；切割加工；铺贴；养护等一系列工作，注意墙砖、地砖施工费用的增减幅度不超过 10%。

4.6 隔墙施工计量与预算

在装修中，需要对不同功能的空间进行分隔时，最常采用的方法就是设置石膏板隔墙了，砖砌隔墙较厚重、成本高、工期长，除了特殊需要外，现在已经很少使用了。大面积平整纸面石膏板隔墙采用轻钢龙骨作基层骨架，小面积弧形隔墙则采用木龙骨与胶合板饰面。

4.6.1 隔墙施工方法

隔墙具体施工方法如下（图 4-31 ~ 图 4-35）。

1）清理地面基层、顶棚与周边墙面，分别放线定位，根据

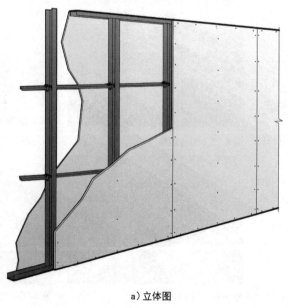

图 4-31 隔墙构造示意图
→应根据设计需要正确选用相应规格的轻钢龙骨与石膏板，注意钉接安装应当紧密。

a）立体图　　　b）剖面图

设计造型在顶棚、地面、墙面钻孔，放置预埋件。

2）沿着地面、顶棚与周边墙面制作边框墙筋，调整到位。

3）分别安装竖向龙骨与横向龙骨，调整到位。

4）将石膏板竖向钉接在龙骨上，对钉头作防锈处理，封闭板材之间的接缝，全面检查。

图 4-32　竖立轻钢龙骨

图 4-33　轻钢龙骨成型

图 4-34　板材封闭

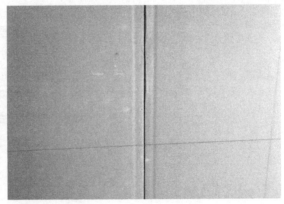

图 4-35　板材接缝

4.6.2　隔墙施工费计算

隔墙施工属于构造施工中比较简单、单一的施工种类，但是需要运用形体较大的材料并对材料进行加工。在现代家居住宅中，需要对室内空间进行分割时，选用这类轻质隔墙为最佳。

通常一面隔墙的长度约为 4m，高度约为 2.8m，墙面面积约为 11m²，整个家居住宅需要制作的隔墙面积约为 20～30m²。

1 名施工员每日大约能完成 10m² 隔墙，日均工资 500 元，则最终的隔墙施工费为 50 元 /m²。

其中包含轻钢龙骨安装、石膏板安装、门窗洞口预留制作等一系列工作，注意隔墙施工费用的增减幅度不超过 10%。

4.7 吊顶施工计量与预算

吊顶构造施工的工作量较大，施工周期较长。随着装修技术的发展，不少家装吊顶构造都采取预制加工的方式制作，即专业厂商上门测量，绘制图纸，再在生产车间加工，最后运输至施工现场安装，但即使如此，仍有很多吊顶构造需要在施工现场制作。

4.7.1 石膏板吊顶施工方法

客厅、餐厅的吊顶面积较大，多采用纸面石膏板制作，因此也称其为石膏板吊顶。石膏板吊顶主要由吊杆、龙骨架、面层3部分组成，吊杆承受吊顶面层与龙骨架的荷载，将重量传递给屋顶的承重结构，吊杆大多使用钢筋；龙骨架承受吊顶面层的荷载，将荷载通过吊杆传给屋顶承重结构；面层则具有装饰室内空间、降低噪声、界面保洁等功能（图4-36～图4-38）。

石膏板吊顶适用于外观平整的顶棚造型，具体施工方法如下：

1）在顶棚放线定位，根据设计造型在顶棚、墙面钻孔，安装预埋件。

2）在预埋件上安装吊杆，在地面或操作台上制作龙骨架。

3）将龙骨架挂接在吊杆上，调整平整度，对龙骨架做防火、防虫处理。

4）在龙骨架上钉接纸面石膏板，并对钉头做防锈处理，最后进行全面检查。

图4-36 石膏板吊顶构造示意图
→吊顶重量由石膏板板材逐层传递至膨胀螺栓上，从而形成由面到线，由线到点的传递过程。

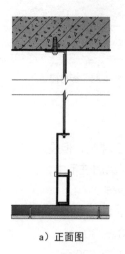

a）正面图

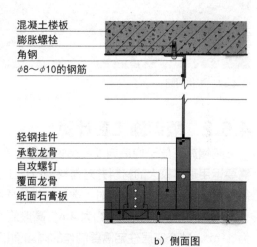

混凝土楼板
膨胀螺栓
角钢
φ8～φ10的钢筋

轻钢挂件
承载龙骨
自攻螺钉
覆面龙骨
纸面石膏板

b）侧面图

4.7.2 胶合板吊顶施工方法

胶合板吊顶是用多层胶合板、木芯板等木质板材制作的吊顶，这类吊顶适用于面积较小且造型复杂的顶棚造型，尤其是弧形造

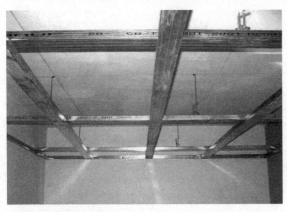

图 4-37　基层轻钢龙骨

图 4-38　石膏板覆盖

型或自由曲线造型。普通纸面石膏板不便裁切为较小规格，也不便作较大幅度弯曲，因此采用胶合板制作带有曲线造型的吊顶恰到好处（图 4-39 ~ 图 4-41）。

胶合板吊顶的具体施工方法如下：

1）在顶棚放线定位，根据设计的造型在顶棚、墙面钻孔，安装预埋件。

2）在预埋件上安装吊杆，在地面或操作台上制作龙骨架。

3）将龙骨架挂接在吊杆上，调整平整度，对龙骨架做防火、防虫处理。

4）在龙骨架上钉接胶合板与木芯板，并对钉头做防锈处理，最后进行全面检查。

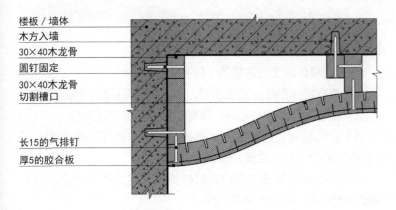

楼板 / 墙体
木方入墙
30×40木龙骨
圆钉固定
30×40木龙骨
切割槽口
长15的气排钉
厚5的胶合板

图 4-39　胶合板吊顶构造示意图
←使龙骨弯曲的方式是切割出凹槽，并进行外力积压，从而形成弧形构造。

4.7.3　吊顶施工费计算

吊顶施工属于构造施工中比较复杂的施工种类，需要运用形体较大的材料并对材料进行加工。在现代室内装修中，需要对吊顶进行精确设计，依据吊顶装饰造型的特点选用合适的板材。

需要吊顶的空间一般为客厅、餐厅、走道等区域，整个住宅

图 4-40　基层木龙骨

图 4-41　胶合板覆盖

需要制作吊顶的面积在 20m^2 左右。

1 名施工员每日约能完成 10m^2 轻钢龙骨石膏板吊顶，日均工资 500 元，则最终的吊顶施工费为 50 元 /m^2。

其中包含轻钢龙骨、石膏板加工安装等一系列工作，如果设计弧形、特殊造型的吊顶，或在吊顶边侧制作窗帘盒等构造，则难度较大，此时吊顶施工费用的增加幅度为 20%。

4.8　柜体施工计量与预算

柜体指的是木质家具的基础框架，常见的木质柜件包括鞋柜、电视柜、装饰酒柜、书柜、衣柜、储藏柜与各类木质搁板等，木质柜件的制作在木构工程中占据相当比重。现场制作的柜体应当能与房型结构紧密相贴，建议选用较牢固的板材。

4.8.1　柜体施工方法

柜体的具体施工方法如下（图 4-42 ~ 图 4-46）：

1）清理柜体所在位置的墙面、地面、顶棚基层，放线定位。

2）根据设计造型在墙面、顶棚上钻孔，放置预埋件。

3）涂刷板材，封闭底漆，根据设计要求制作柜体框架，调整柜体框架的尺寸、位置、形状。

4）将柜体框架安装到位，钉接饰面板与木线条收边，对钉头做防锈处理，将接缝封闭平整。

4.8.2　柜体施工费计算

现代装修多选用生态板制作柜体，这种板材切割方便，多采用收口条封闭边缘，板材挺括，安装完毕后耐用性较好。

卧室、书房中需要制作具有储藏功能的家具，如衣柜、储物柜等，按柜体正立面面积计算，每个房间需要制作的柜体的面积约为 6 ~ 10m^2。

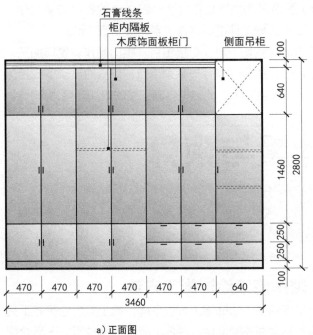

石膏线条
柜内隔板
木质饰面板柜门
侧面吊柜

100
640
2800
1460
250 250
250
100

470 470 470 470 470 470 640
3460

a）正面图

100
740
2800
1460
500
100

550

b）侧面图

图 4-42　饰面板衣柜
构造示意图
←柜体对板材的精准度
要求比较高，切割时必
须使用台锯，柜门的宽
度不宜超过 500mm，
长度不超过 1600mm，
以免发生变形。

图 4-43　板材切割

图 4-44　板材固定

图 4-45　柜体组合

图 4-46　柜门安装

1名施工员每日约能完成正立面面积 3m² 的柜体安装工作，日均工资 600 元，则最终的柜体施工费为 200 元 /m²。

其中包含板材裁切下料、钉接组合、柜门制作、收口加工、五金件安装、部分抽屉制作等一系列工作，如果抽屉较多或柜体有特殊造型，则难度较大，此时柜体施工费的增加幅度为 20%。

4.9 涂饰施工计量与预算

装修进入涂饰施工后，各个部位的装饰效果才会逐渐体现出来。涂饰施工方法很多样，但是基层处理都要求平整、光洁、干净，需要进行腻子填补、多次打磨，这样才能完美覆盖基层表面的缺陷。现代涂饰材料品种多样，应当根据不同材料的特性选用合适的施工方法。

4.9.1 聚酯清漆涂饰施工方法

不同的油漆品种，涂饰施工方法不同，施工前应当备齐工具与辅料，熟悉所用油漆的特性，并仔细阅读包装说明。下面介绍常见的聚酯清漆的涂饰施工方法。

聚酯清漆主要用于木质构造、家具的表面，它能起到封闭木质纤维，保护木质表面，使其保持光亮、美观的作用。现代家装中使用的聚酯清漆多为调和漆，需要在施工的过程中不断勾兑，在挥发过程中需不断保持合适的浓度，以保证涂饰均匀。

家居装修中最常用的是聚酯清漆与水性清漆，这类油漆干燥速度快，施工工艺具有一定的代表性。

具体施工方法如下（图 4-47 ～图 4-51）。

1）清理木质构造表面，铲除多余木质纤维，使用 0# 砂纸打磨木质构造表面与转角。

2）根据设计要求与木质构造的纹理色彩对成品腻子粉进行调色处理，调色完成后即可修补钉头凹陷部位，待干后再用 240# 砂纸打磨平整。

3）整体涂刷第 1 遍清漆，待干后复补腻子，采用 360# 砂纸打磨平整，然后整体涂刷第 2 遍清漆，采用 600# 砂纸打磨平整。

4）在使用频率较高的木质构造表面涂刷第 3 遍清漆，待干后打蜡、擦亮、养护。

4.9.2 乳胶漆涂饰施工方法

有些涂料施工面积较大，主要涂刷在墙面、顶棚等大面积界面上，施工要求涂装平整、无缝，涂料具有一定的遮盖性，能完全变更原始构造的色彩，是家居装修必备的施工工艺。目前，常见的大面积涂饰的涂料主要包括乳胶漆、真石漆、硅藻涂料三种，

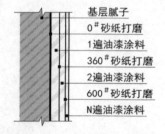

基层腻子
0# 砂纸打磨
1 遍油漆涂料
360# 砂纸打磨
2 遍油漆涂料
600# 砂纸打磨
N 遍油漆涂料

图 4-47 聚酯清漆涂刷构造示意图
↑反复打磨、多层涂刷的目的在于追求表面的平整度，这也能提升涂料的装饰效果。

148

图 4-48　修补缝隙

图 4-49　刮除边角

图 4-50　机械打磨

图 4-51　刷涂聚酯清漆

都很具有代表性,但其基层处理方法基本相同,具体施工方法如
下(图 4-52～图 4-56)。

　　1)清理墙面、顶棚的表面,对墙面、顶棚不平整的部位填
补石膏粉腻子,用封边条粘贴墙角与接缝处,用 240 $^{\#}$ 砂纸将涂
饰界面打磨平整。

　　2)第 1 遍满刮腻子,修补细微凹陷部位,待干后用 360 $^{\#}$ 砂
纸打磨平整,满刮第 2 遍腻子,仍用 360 $^{\#}$ 砂纸打磨平整。

　　3)根据墙面、顶棚的特性选择涂刷封固底漆,复补腻子磨
平,整体涂刷第 1 遍乳胶漆,待干后复补腻子,用 360 $^{\#}$ 砂纸
打磨平整。

　　4)整体涂刷第 2 遍乳胶漆,待干后用 360 $^{\#}$ 砂纸打磨平整,
养护。

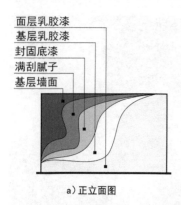

面层乳胶漆
基层乳胶漆
封固底漆
满刮腻子
基层墙面

墙体基层
15～20厚1：2.5水泥砂浆
1～1.5厚腻子粉

a）正立面图　　　　　　　b）侧立面图

图 4-52　乳胶漆涂刷构造示意图
←墙面的平整度是乳胶漆施工的根本，必要时需要加大打磨力度，这要求施工员具有较好的耐心。

图 4-53　修补接缝

图 4-54　刮涂腻子

图 4-55　砂纸打磨

图 4-56　滚涂乳胶漆

4.9.3　涂饰施工费计算

涂饰施工的核心在于基层处理与平整度的塑造，施工员会将大量时间和精力放在追寻基层的平整度上。

1. 聚酯清漆施工费计算

聚酯清漆是油性涂料的代表，其他如硝基漆、氟碳漆等材料的施工与聚酯清漆类似，这种油漆适用于比较平整的木质板材，涂饰时需要多次涂刷、打磨才能得到较平整的界面。

装修中的实木构造内容并不多，主要集中在具有装饰造型的局部空间，共计 6 ~ 8m^2。1 名施工员每日约能完成 10m^2 木质材料表面的聚酯清漆涂刷工作，日均工资 600 元，则最终的聚酯清漆施工费为 60 元 /m^2。

2. 乳胶漆施工费计算

涂饰乳胶漆多选用石膏粉和腻子粉对墙面、顶棚进行找平，施工时也需要多次打磨，但表面乳胶漆滚涂施工相对比较轻松，施工效率也较高。

住宅的墙面、顶棚需要涂刷乳胶漆的面积为 200 ~ 300m^2。1 名施工员每日约能完成 30m^2 的乳胶漆涂刷工作，日均工资 600 元，则最终的乳胶漆施工费为 20 元 /m^2。

上述涂饰施工包含界面基层处理、找平、油漆涂料调配、涂刷、修补等一系列工作，如果转角或特殊造型较多，或需要调色，则难度较大，此时油漆涂料施工费用的增加幅度为10% ~ 20%。

4.10 壁纸施工计量与预算

了解壁纸施工时一些常见的问题，掌握解决的办法，这样壁纸使用出现问题时，业主便可自行修理，省下了因请装修工人维修而需要付出的预算。

4.10.1 壁纸施工方法

常规壁纸指传统的纸质壁纸、塑料壁纸、纤维壁纸等材料，常规壁纸的基层一般为纸浆，与壁纸胶接触后粘贴效果较好。壁纸铺装粘贴工艺复杂，成本高，应该严谨对待。下面介绍常规壁纸与液体壁纸的施工方法（图 4-57 ~ 图 4-62）。

1）清理墙面、顶棚表面，对墙面、顶棚不平整的部位填补石膏粉腻子，并用 240 $^\#$ 砂纸将墙面、顶棚打磨平整。

2）第 1 遍满刮腻子，修补细微凹陷部位，待干后用 360 $^\#$ 砂纸打磨平整，满刮第 2 遍腻子，仍用 360 $^\#$ 砂纸打磨平整，对壁纸粘贴界面涂刷封固底漆，复补腻子磨平。

3）在墙面上放线定位，展开壁纸检查花纹、对缝，根据情况进行裁切，设计粘贴方案，在壁纸背面和墙面上涂刷专用壁纸胶，上墙对齐粘贴。

4）赶压壁纸中可能存在的气泡，严谨对花、拼缝，擦净多余壁纸胶，修整养护 7 天。

壁纸
壁纸胶
封固底漆
满刮腻子
基层墙面

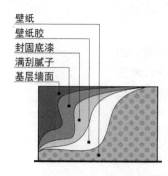

图 4-57 壁纸铺贴构造示意图
↑墙面的平整处理与涂刷乳胶漆时的处理方法基本相同，在铺贴壁纸前需要涂刷基膜，这也能加强壁纸的黏合力。

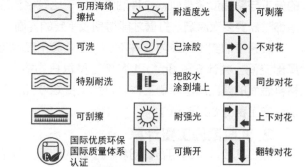

可用海绵擦拭	耐适度光	可剥落
可洗	已涂胶	不对花
特别耐洗	把胶水涂到墙上	同步对花
可刮擦	耐强光	上下对花
国际优质环保国际质量体系认证	可撕开	翻转对花

图 4-58 壁纸特性
↑在铺贴之前应当仔细阅读壁纸的施工说明，根据壁纸的特征采取相应的施工方式。

图 4-59 壁纸涂胶

图 4-60 对齐铺贴

图 4-61 刮板赶压气泡

图 4-62 待干养护

4.10.2 壁纸施工费计算

　　壁纸施工的核心在于基层处理与平整度的塑造，施工费用应当预先计入墙面找平的施工费用。用石膏粉与腻子粉对墙面、顶棚进行找平，壁纸施工前也需要多次打磨，然后在表面滚涂基膜，前期施工与乳胶漆施工一致。

1 名施工员每日约能完成 30m² 的基础处理工作，日均工资 600 元，则墙面基层处理施工费为 20 元 /m²。壁纸施工时需要运用涂胶器、水平仪等设备，1 名施工员每日约能完成 60m²（约 16 卷壁纸）的墙面壁纸铺贴工作，日均工资 600 元，则壁纸铺贴施工费为 10 元 /m²。因此，墙面基层处理与壁纸铺贴综合施工费用为 20 元 /m² + 10 元 /m² = 30 元 /m²。

壁纸施工包含界面基层处理、找平、基膜涂刷、壁纸胶调配、壁纸铺贴、修补等工作，如果转角或特殊造型较多，则难度较大，此时壁纸施工费的增加幅度为 10% ~ 20%。

4.11 门窗安装施工计量与预算

一些门窗施工安装的施工技巧可使安装效果更加的牢固，同时也能延长门窗的使用寿命，提升预算价值。

4.11.1 成品门窗安装方法

成品门窗的具体安装方法如下：

1）在基础与构造施工中，按照安装设计的要求预留门洞尺寸，订购产品前应再次确认门洞尺寸。

2）将成品房门运至施工现场后打开包装，仔细检查各种配件，将门预装至门洞。

3）如果门洞较大，可以用 15mm 木芯板制作门框基层，表面用强力万能胶粘贴饰面板，用气排钉安装装饰线条。

4）将门扇通过合页连接至门框上，进行调试，然后填充缝隙，安装门锁、拉手、门吸等五金配件（图 4-63、图 4-64）。

图 4-63 定位

图 4-64 安装调试

4.11.2　推拉门安装方法

推拉门又称滑轨门、移动门或梭拉门，它凭借光洁的金属框架、平整的门板与精致的五金配件赢得业主的青睐，一般安装在厨房、卫生间或卧室衣柜上，下面介绍最常见的衣柜推拉门安装方法。

1）检查推拉门及配件，检查柜体、门洞的施工条件，测量复核柜体、门洞尺寸，根据施工需要作必要修整。

2）在柜体、门洞顶部制作滑轨槽，安装滑轨（图 4-65）。

3）将推拉门组装成型，挂到滑轨上。

4）在底部安装脚轮，测试调整，并清理施工现场（图 4-66）。

图 4-65　滑轨安装

图 4-66　推拉门安装完成

4.11.3　门窗安装施工费计算

成品构造的安装相对简单，施工要求施工员运用设备对安装位置进行精准定位，必须保证安装的水平度与垂直度。

门窗产品加工完毕运输至施工现场后，1 名施工员每日约能完成 5 扇（套）成品门窗的基础处理工作，日均工资 500 元，则最终的门窗安装施工费为 100 元 / 扇（套）。

上述门窗安装施工包含门窗边框界面基层处理、找平、局部龙骨板材支撑、门窗框扇安装、门窗调整等一系列工作，如果门窗边框基础界面存在水平、垂直偏差等问题，则难度较大，需要调整，此时门窗安装施工费用的增加幅度在 20% 左右。

4.12 地板施工计量与预算

地面铺装材料较多，主要分为地砖铺装与地板铺装，地砖铺装施工前文已有介绍，下面介绍地板的安装方法，这是安装施工的最后环节。

4.12.1 复合木地板安装方法

复合木地板具有强度高、耐磨性好，易于清理的优点，购买后一般由商家派施工员上门安装，无须铺装龙骨，铺设工艺比较简单，具体安装方法如下（图 4-67 ~ 图 4-71）。

1）仔细测量地面铺装面积，清理地面基层砂浆、垃圾与杂物，必要时应对地面进行找平处理。

2）将复合木地板搬运至施工现场，打开包装放置 5 天，使地板与环境相适应。

3）铺装地面防潮毡，压平，放线定位，从内向外铺装地板。

4）安装踢脚线或封边装饰条，清理现场，养护 7 天。

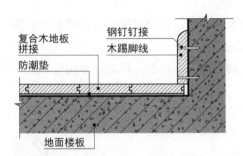

图 4-67 复合木地板铺贴构造示意图
↑复合木地板对地面的平整度要求很高，根据具体环境状况可以有选择地预先制作自流平地面，虽然增加了成本，但是能获得较好的平整度。

图 4-68 测量地面面积

图 4-69 铺装防潮毡

图 4-70　板材切割

图 4-71　复合木地板安装固定

4.12.2　实木地板安装方法

实木地板较厚实，具有一定弹性和保温效果，属于中高档地面材料，一般先用木龙骨、木芯板制作基础，然后再铺装，工艺要求更严格，下列方法也适合竹地板铺装（图 4-72~ 图 4-77）。

1）清理房间地面，根据设计要求放线定位，钻孔安装预埋件，固定木龙骨。

2）将实木地板搬运至施工现场，打开包装放置 5 天，使地板与环境相适应。

3）从内到外铺装木地板，用地板专用钉固定，安装踢脚线或装饰边条。

4）调整修补，打蜡养护。

图 4-72　实木地板铺贴构造示意图
→实木地板铺装追求超高的平整度，因此需要在地面制作基层龙骨，应在龙骨上铺装木芯板，通过这两种材料的调平，满足实木地板的铺装需求。

厚15的木芯板
30×40木龙骨
实木地板拼接
螺钉固定
防潮垫
厚5的胶合板
钢钉钉接
木踢脚线

40角钢　　地面楼板　　膨胀螺栓

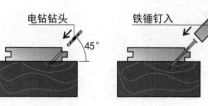

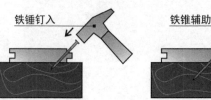

电钻钻头　　　　铁锤钉入　　　　铁锥辅助

图 4-73　实木地板钉接构造示意图　　a）钻孔　　　　b）钉入　　　　c）钉深

图 4-74 放线定位

图 4-75 固定龙骨

图 4-76 铺贴防潮垫和木芯板

图 4-77 铺装实木地板

4.12.3 地板施工费计算

地板安装施工技术并不复杂，但对地面的平整度提出了较高的要求。

复合木地板铺装快捷，如果地面平整度低，则需预先对地面进行找平处理，可用水泥砂浆找平或自流平水平找平。1 名施工员每日能完成约 30m² 的地面找平工作，日均工资 600 元，则地面找平施工费用为 20 元 /m²。如果地面平整度高，可以直接铺装复合木地板，1 名施工员每日能完成约 60m² 的地面铺装工作，日均工资 600 元，则最终复合木地板的施工费用为 10 元 /m²。

实木地板铺装需要制作木龙骨基层，如果地面平整度低，同样需预先对地面进行找平处理，可用水泥砂浆找平或自流平水平找平。1 名施工员每日能完成约 30m² 的地面铺装工作，日均工资 600 元，则最终实木地板的施工费为 20 元 /m²。

上述地板施工包含地面基层处理、地板安装、地板调整等一系列工作，如果地面基础特别不平整，或转角弧形空间较多，则地板施工费的增加幅度为 20% ~ 30%。

第5章

软装陈设与估算

识读难度：★★★☆☆

重点概念：家具、灯具、厨房电器、
布艺织物、装饰画

章节导读：选择与装修风格相匹配的商品是保证装修协调、统一、美观、大方的前提。在传统装修模式中，常常因装修风格与商品配置不匹配，导致装修结果与理想效果迥异，且由于营销成本过高，商品价格严重背离商品的价值。所以选购家具时必须注意，影响家具价格的主要因素是材质与产地，要考虑经济水平和室内整体风格的特点，综合选择家具。

5.1 家具采购价格与估算

> 家具无论是从体积上来看，还是从使用的频率上来看，都是家装材料的重中之重。家具的涵盖面较广，沙发、床具、柜体、茶几等都属于家具的范畴。在选购之前必须充分掌握有关家具的相关知识，包括各种家具的样式风格，家具的材质构造，如何选购等。例如，沙发是家庭中使用最为频繁的家具之一，有皮质沙发、布艺沙发、L 形沙发、组合沙发等不同选择，而不同材质的沙发，其市场价格也有较大的差别。

5.1.1 床具特点与采购价格

1. 沙发床

沙发床是沙发和床的组合，是可以变形的家具，这种沙发可以根据室内环境的需要进行变化，既可以当沙发，又可以拆解开当床使用，是现代家具中比较方便的、可用于小空间的家具（图5-1）。

2. 双层床

双层床为有上下两层床铺的床，是一般居家空间较常使用的，能够节省空间，而且收纳的空间也较多，当一人搬出时，上铺便可成为放置杂物的地方（图5-2）。

图 5-1 沙发床，3590 ~ 3800 元 / 张　　图 5-2 双层床，2980 ~ 3200 元 / 张

3. 平板床

平板床由基本的床头板、床尾板和骨架组成，是最常见的式样。这种床具虽然简单，但床头板、床尾板却可营造出不同的风格，具有流线线条的雪橇床便是其中最受欢迎的式样。若觉得空间较小，或不希望受到限制，也可舍弃床尾板，显得整张床更大（图5-3）。

4. 欧式软包床

欧式软包床的床头拥有欧式雕花的弯曲造型，板材上有大量的皮革软布或是布艺软包。这种床会占用较大的卧室空间，但其装饰效果也是其他床具所不能比的（图5-4）。

5. 四柱床

最早来自欧洲贵族的四柱床能让人产生许多浪漫遐想，其四柱上有代表时期风格的繁复雕刻。目前常见的是现代乡村风格的四柱床，可借由不同花色布料，将床布置得更加活泼，更具个人风格（图5-5）。

图5-3 平板床，2400～2600元/张

图5-4 欧式软包床，7000～7200元/张

图5-5 四柱床，5400～5600元/张

5.1.2 沙发特点与采购价格

1. 美式沙发

美式沙发主要强调舒适性，让人坐在其中感觉像被温柔地怀抱住一般，但这类沙发占地面积较大。现代美式沙发多选用主框架＋海绵的设计，传统的美式沙发则依旧保留弹簧＋海绵的设计，这也使得美式沙发更具耐用性，结实度也更高（图5-6）。

2. 日式沙发

日式沙发强调舒适、自然、朴素，这类沙发最大的特点是成栅栏状的木扶手和矮小的设计，这样的沙发最适合自然朴素的空间。小巧的日式沙发也经常用于一些办公场所中（图5-7）。

图5-6 美式沙发，5600～5800元/套

图5-7 日式沙发，2000～2200元/套

3. 中式沙发

中式沙发强调冬暖夏凉，四季皆宜，方便实用，很适合我国室内外温差较大的地方使用。这类沙发的特点在于整个裸露在外的实木框架，椅面上放有海绵垫，可根据需要撤换，这种灵活的方式也使中式沙发受到大多数人的青睐（图 5-8）。

4. 欧式沙发

欧式沙发强调线条简洁，适合在现代风格的家居环境中使用，近几年来较流行的是浅色的欧式沙发，如白色、米色等。这类沙发的特点是富于现代风格，色彩比较淡雅，这种类型的沙发置于许多风格的居室中都能获得较好的装饰效果（图 5-9）。

图 5-8 中式实木沙发，7300 ~ 7500 元 / 套

图 5-9 欧式沙发，4990 ~ 5200 元 / 套

5.1.3 餐桌特点与采购价格

1. 实木餐桌

实木餐桌具有天然、环保、健康的自然之美与原始之美，强调简单结构与舒适功能的结合，适用于简约时尚的家居环境中（图 5-10）。

2. 钢木餐桌

钢木餐桌多是以钢管支架搭配实木台面的形式存在，这类餐桌造型新颖、线条流畅，因此受到较多人的喜爱（图 5-11）。

3. 大理石餐桌

大理石餐桌分为天然大理石餐桌和人造大理石餐桌，天然大理石餐桌高雅美观，但是价格相对较贵，天然的纹路和毛细孔容易有污渍和油渗入，因而不易清洁。人造大理石餐桌的密度较高，油污不容易渗入，日常清洁比较容易（图 5-12）。

图 5-10　实木餐桌，3000 ～ 3200 元 / 套

图 5-11　钢木餐桌，1800 ～ 2000 元 / 套

图 5-12　大理石餐桌，2800 ～ 3000 元 / 套

5.2　灯具价格与估算

　　售卖灯具的场所较多，在专业的灯具卖场，或是建材批发市场等场所均能选购到合适的灯具。建材批发市场所售卖的灯具价格相对较低，但多是仿制品，没有知名的品牌，如果并不追求高质量和高品质，可以选择在建材批发市场购买所需灯具，这样也能节约费用。与建材批发市场相对的是整体家居卖场，这种卖场里的灯具品类较多，但所包含的灯具品牌不一定全面，整体价格相对较高。

5.2.1　吊灯特点与采购价格

1. 欧式烛台吊灯

　　欧洲古典风格吊灯的灯泡和灯座依旧是蜡烛和烛台的样式，但光源由真实的蜡烛改为了蜡烛形式的灯泡（图 5-13）。

2. 水晶吊灯

　　水晶吊灯造型美观，主要包括天然水晶切磨造型吊灯、重铅水晶吹塑吊灯、低铅水晶吹塑吊灯、水晶玻璃中档造型吊灯、水晶玻璃坠子吊灯等（图 5-14）。

3. 中式吊灯

　　外形古典的中式吊灯明亮利落，适合装在门厅区。要注意的是，灯具的规格、风格应与客厅配套，如果想要突出屏风和装饰品，则需要在合适的位置加设射灯（图 5-15）。

5.2.2　吸顶灯特点与采购价格

1. 方罩吸顶灯

　　方罩吸顶灯即形状为长方形或正方形的罩面吸顶灯，这种吸顶灯的造型比较简洁，适用于现代风格、简约风格的卧室空间（图 5-16）。

2. 圆球吸顶灯

　　圆球吸顶灯即灯罩形状为圆球状，直接与底盘相连的吸顶灯，

这种吸顶灯的造型具有多种样式，装饰效果精美，适合安装在层
高较低的客厅空间（图 5-17）。

图 5-13 欧式烛台吊灯，3300 ～
3500 元 / 盏

图 5-14 水晶吊灯，2300 ～
2500 元 / 盏

图 5-15 中式吊灯，1000 ～
1200 元 / 盏

图 5-16 方罩吸顶灯，200 ～ 350 元 / 盏

图 5-17 圆球吸顶灯，400 ～ 650 元 / 盏

3. 椭圆形吸顶灯

椭圆形吸顶灯顾名思义，这种吸顶灯的造型具有优美的弧线，
适合安装在层高较低的卧室空间（图 5-18）。

4. 半圆球吸顶灯

半圆球吸顶灯的灯罩形状是半个球体，这种吸顶灯的光线
分布会更加均匀，十分适合安装在需要柔和光线的室内空间
（图 5-19）。

图 5-18 椭圆形吸顶灯，800 ～ 1100 元 / 盏

图 5-19 半圆球吸顶灯，650 ～ 750 元 / 盏

5.2.3 落地灯特点与采购价格

1. 金属落地灯

金属落地灯以金属材质为主，包括落地灯的支架、灯罩、托盘等，这种落地灯具有良好的耐用性，色彩也有许多选择，如不锈钢金属落地灯、亚光黑漆金属落地灯等（图 5-20）。

2. 木制落地灯

木制落地灯的主体材料为木材，这种落地灯具有轻便、便于移动的特点，适合摆放在自然气息浓厚的空间中，可起到较好的装饰效果（图 5-21）。

图 5-20　金属落地灯，480 ~ 600 元 / 盏　　图 5-21　木 制 落 地 灯，250 ~ 300 元 / 盏

5.2.4 台灯特点与采购价格

台灯是指放置于桌子上、有底座的电灯，这种灯具外观可简单，可精致，常用光源为 LED 灯，灯光多为护眼的暖光，适合在阅读、工作、学习的场所中使用（图 5-22 ~ 图 5-24）。

图 5-22　造型简单的台灯，30 ~ 50 元 / 盏　　图 5-23　仿古台灯，300 ~ 320 元 / 盏　　图 5-24　造型华丽的台灯，550 ~ 650 元 / 盏

5.3　厨房电器价格与估算

要烹制出香喷喷的美食，当然要有一套既干净又有效率的厨房设备，利用先进的厨房电器来帮忙，更方便在烹饪时掌握好火候和速度，做出一桌精致的美食。质量较差的厨房电器不仅有辐射或噪声，还容易伤害使用者的皮肤、听力，甚至引发一系列病症。因此，在选购厨房电器时，务必要检查所选电器是否有健康环保标志。

5.3.1　抽油烟机特点与采购价格

1. 顶吸式抽油烟机

传统的抽油烟机安装在灶台上方，主要通过排风扇将油烟抽走，这种顶吸式抽油烟机主要分为中式抽油烟机和欧式抽油烟机，中式抽油烟机经济实惠，欧式抽油烟机则在外形和功能方面有突出的优点，它的外观时尚，功能方面更加人性化（图5-25）。

2. 侧吸式抽油烟机

侧吸式抽油烟机能在侧面将产生的油烟吸走，其中油烟分离板能彻底解决中式烹调由于猛火炒菜导致的油烟难清除的难题。这种抽油烟机的油烟净化率高达90%左右，是更符合中国家庭烹饪习惯的抽油烟机（图5-26）。

图 5-25　顶吸式抽油烟机，
3000 ~ 3200 元 / 台

图 5-26　侧吸式抽油烟机，
2800 ~ 3000 元 / 台

5.3.2　微波炉特点与采购价格

1. 光波微波炉

现在最火的就是光波微波炉，这种微波炉的特点在于光波瞬时高温、效率高，与普通微波炉相比，在蒸、煮、烧、烤、煎、炸等功能上都效果更好，既不会破坏食物的营养，又不会破坏食物的鲜味，在消毒功能上更是出类拔萃（图5-27）。

2. 烧烤微波炉

烧烤微波炉一般采用热风循环对流，保证炉腔内温度一致，使食物四面能够受热均匀，从而烤出自然风味，完成理想火候的烧烤，这种微波炉很适用于烤肉、做饼干、做蛋糕等（图5-28）。

图 5-27 光波微波炉，500 ~ 650 元 / 台

图 5-28 烧烤微波炉，600 ~ 780 元 / 台

3. 蒸汽微波炉

蒸汽微波炉所使用的是经过特殊工艺处理的蒸汽烹调器皿，其上部的不锈钢专用盖子可以隔断微波和食物的直接接触，从而锁住食物中的水分和维生素；在下部的水槽中加水之后，微波加热产生水蒸气，利用水蒸气的热度及对流来加热烹调食物。这种间接的加热方式能使食物均匀熟透，同时还能保证食物原汁原味，防止食物碳化（图 5-29）。

4. 变频微波炉

变频微波炉给微波炉市场带来了技术革新的浪潮，与普通微波炉相比，变频微波炉具有高效节能、机身轻、空间大、噪声低等优点。这种微波炉主要是通过改变频率来控制火力大小，持续给食物加热，使食物受热更加均匀，营养流失更少，味道更好（图 5-30）。

图 5-29 蒸汽微波炉，850 ~ 980 元 / 台

图 5-30 变频微波炉，480 ~ 650 元 / 台

5.4 布艺织物价格与估算

想要使布艺织物的预算和效果都令人满意，就要掌握布艺织物与空间的搭配技巧。首先应了解空间的整体色调，布艺织物的色调应与空间的色调保持一致，其中窗帘的色调适合深一些，而床上用品的色调适合浅一些，这样也可使空间的视觉效果更具纵深感。然后需要了解空间的设计风格，例如，田园风格的空间适合选择带碎花纹的布艺织物，欧式风格的空间适合选择有金边设计的布艺织物等。

5.4.1 窗帘特点与采购价格

1. 平开帘

平开帘是平行于窗户的平面安装的窗帘，这种窗帘可以平行地朝两边或中间拉开、闭拢，最常见的有一窗一帘、一窗二帘或一窗多帘等（图5-31）。

2. 卷帘

卷帘主要是利用滚轴带动圆轨卷动帘子上下，以开闭窗帘。通常会选用天然的或化纤的或编织类有韧性的面料制作卷帘，如麻质卷帘、玻璃纤维卷帘、拆光片（菲林类材质，多用于办公场地）卷帘，或带粘胶成分的印花布卷帘等（图5-32）。

图 5-31　平开帘，70 ～ 95 元 /m　　　图 5-32　卷帘，80 ～ 100 元 /m²

3. 百叶帘

百叶帘是将很多宽度、长度统一的叶片用绳子穿在一起，再固定在上下端轨道里，通过操作系统使帘片上下开放、自转（调光）的窗帘。百叶帘可以说是成品帘里最常见和最常用的款式之一（图5-33）。

4. 线帘

线帘具有较好的灵活性和广泛的适应性，它适用于各种形式的窗户。线帘以其特有的数量感和朦胧感，点缀于不同家居空间之间的分隔之处，能为整个居室营造一种浪漫的氛围（图5-34）。

图 5-33　百叶帘，100 ～ 150 元 /m²　　　图 5-34　线帘，50 ～ 65 元 /m

5.4.2　地毯特点与采购价格

1. 纯毛地毯

纯毛地毯是以绵羊的羊毛为原料制成的地毯，这种地毯手感柔和、拉力大、弹性好、图案优美、色彩鲜艳、质地厚实、脚感舒适，具有抗静电性能好、不易老化、不褪色等特点，是高级客房、会堂、舞台等地面常用的装饰材料，但纯毛地毯的耐菌性、耐虫蛀性和耐潮湿性较差，价格昂贵，多用于高级别墅住宅的客厅、卧室等地面（图 5-35）。

2. 混纺地毯

混纺地毯是在纯毛纤维中加入了一定比例的化学纤维，以此合成纤维制成的地毯。混纺地毯中因掺有合成纤维而价格较低，使用性能也有所提高。这种地毯在图案花色、质地手感等方面与纯毛地毯差别不大，但却克服了纯毛地毯不耐虫蛀、易腐蚀、易霉变的缺点，在提高地毯耐磨性能的同时，也大大降低了地毯的价格，使用范围较广（图 5-36）。

图 5-35　纯毛地毯，550 ~ 600 元 /m²

图 5-36　混纺地毯，200 ~ 350 元 /m²

3. 化纤地毯

化纤地毯是以锦纶（又称聚酰胺纤维）、丙纶（又称聚丙烯纤维）、腈纶（又称聚丙烯腈纤维）、涤纶（又称聚酯纤维）等化学纤维为原料，用簇绒法或机织法加工成纤维面层，再与麻布底缝合成的地面装饰材料，因此又被称为合成纤维地毯。这种地毯耐磨性好，富有弹性，防燃、防污、防虫蛀等性能较好，且价格较低，适用于一般建筑物的地面装饰（图 5-37）。

4. 塑料地毯

塑料地毯是由聚氯乙烯树脂、增塑剂等多种材料，经均匀混炼、塑制而成的，虽然质地较薄、手感硬、受气温的影响大、易老化，但该种材料色彩鲜艳，耐湿性、耐腐蚀性、耐虫蛀性、可擦洗性、阻燃性等都比其他材质要好，价格也比较低廉，且这种地毯具有较好的耐水性，用于浴室中能起到较好的防滑作用（图 5-38）。

图 5-37 化纤地毯，105 ~ 120 元 /m²

图 5-38 塑料地毯，60 ~ 75 元 /m²

5.5 装饰画价格与估算

装饰画根据种类和组合形式的不同，可在墙面装饰出不同的精美效果，可以利用装饰画的特性，减少墙面的造型，以此达到节省预算支出的目的。墙面较大的客厅空间适合选择成组的大幅装饰画，卧室空间则适合选择单幅的、装饰精美的装饰画。在选购装饰画时，应当保持统一的风格。

5.5.1 印刷品装饰画特点与采购价格

印刷品装饰画是装饰画市场的主打产品，由出版商从画家的作品中选出优秀的作品限量出版，但目前盗版装饰画正冲击着正版装饰画市场（图 5-39）。

5.5.2 实物装裱装饰画特点与采购价格

实物装裱装饰画是新兴的装饰画画种，它以一些实物作为装裱内容，把中国传统刀币、玉器或瓷器装裱起来的装饰画较受欢迎（图 5-40）。

图 5-39 印刷品装饰画，120 ~ 180 元 / 幅

图 5-40 实物装裱装饰画，350 ~ 420 元 / 幅

5.5.3 手绘装饰画特点与采购价格

手绘装饰画艺术价值很高，因而价格也较昂贵，具有收藏价值，而那些缺乏艺术价值的手绘画现在已很少有人问津（图5-41）。

5.5.4 油画装饰画特点与采购价格

油画装饰画是装饰画中最具有贵族气息的一种，它属于纯手工制作，可根据消费者的需要进行临摹或创作，风格比较独特。现在市场上比较受欢迎的油画题材多为风景、人物和静物（图5-42）。

图 5-41　手绘装饰画，1000 ~ 1200 元 / 幅　图 5-42　油画装饰画，1600 ~ 1800 元 / 幅

第6章

概预算编制方法

识读难度：★★★★★

重点概念：项目、预算方法、合同

章节导读：装修时要清楚装修材料的各个细节，花时间常常跑工地和建材市场，装修完毕后还要请第三方监理来验收，但最主要的还是要清楚了解房屋室内装修的预算清单，清楚资金花费的去向，为后期装修、验收打下良好的基础。

6.1 装修概预算基础

装修概预算是装修承包商和装修业主签订承包合同、拨付工程款和进行工程结算的依据，它的计算过程为：根据装修设计图纸中所体现的工程量计算出材料用量，然后再依据材料的市场价及施工经验来确定实际施工中要发生的成本，最后根据行业的情况确定报价范围。

概预算是指概算与预算，概算是预算的初步编制阶段，主要用于装修初步开展时；预算开始于施工图设计阶段，属于精细计算，需要对工程量与材料价格进行精确评估与测量。设计者与使用者在装修实施过程中最关心的是概预算的精准价格，这将直接影响装修的品质。

此外，还有装修决算与结算，决算是装修工程完毕验收后的工程量计算，家居装修项目比较单一，因此，决算与预算的相差并不大；结算是支付装修尾款办理手续时的业务量计算，在决算的基础上还增加了装修服务等其他费用。

本节将从识图、设计的角度出发，重点介绍装修概预算，尤其是预算，如果能把这部分内容把握准确了，其他计算项目也就一目了然。

6.1.1 装修概预算的构成

装修公司提供给业主的概预算报价单主要包括直接费与间接费。

1. 直接费

直接费是指在装修工程中直接消耗在施工上的费用，主要包括人工费、材料费、机械费和其他费用，可根据设计图纸，将各工程量（m、m²、项）乘以该工程的各项单位价格，从而得出费用数据。

1）人工费：指施工员的基本工资，需要满足施工员的日常生活和劳务支出。

2）材料费：指购买各种装饰材料成品、半成品及配套用品的费用。

3）机械费：指机械器具的使用、折旧、运输、维修等费用。

4）其他费用：需视具体情况而定，例如，高层建筑的电梯使用费、增加的劳务费等。

2. 间接费

间接费是装饰工程为组织设计施工而间接消耗的费用，主要包括管理费、计划利润、税金，这三部分费用是不可替代的。

1）管理费：指用于组织和管理施工行为所需要的费用，包括装修公司的日常开销、经营成本、项目负责人员的工资、工作人员的工资、设计人员的工资、辅助人员的工资等，目前管理费收费标准根据装修企业的资质等级来定，一般为直接费的 5%～10%。

2）计划利润：商业营利企业的必收费项目，主要用于为日后经营发展积累资金，尤其是私营企业，获取计划利润是私营业主开设公司的最终目的，一般为直接费的 5%～8%。

3）税金：是直接费、管理费、计划利润总和的 3.4%～3.8%，目前我国装修企业大多为小规模纳税人，应按 3% 缴纳增值税，另外约 0.5%（大部分省市为 0.42%）为地方税务杂费与各项管理费。凡是正规装修公司都应遵守向国家交纳税款的责任和义务。

3. 预算溢价

装修企业往往会在做预算时多算总价，大大高于成本价的差额即为溢价。包主材的工程，装修企业往往会在丈量材料时多估预算，提高装修价格，这种溢价也是装修企业获得更多利润的重要方式（图 6-1）。

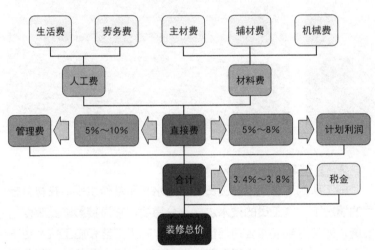

图 6-1 装修概预算构成

6.1.2 装修概算计算步骤

装修总价 = 人工费 + 材料费 + 机械费 + 其他费用 + 管理费 + 计划利润 + 税金。

直接费 = 人工费 + 材料费 + 机械费 + 其他费用。

管理费 = 直接费 ×（5%～10%）。

计划利润 = 直接费 ×（5%～8%）。

合计 = 直接费 + 管理费 + 计划利润。

税金 = 合计 ×（3.4%～3.8%）=（直接费 + 管理费 + 计划利润）×（3.4%～3.8%）。

装修总价＝合计＋税金。

其他费用如设计费、垃圾清运费、增补工程费等按实际发生计算，上述公式可用于任何家居装修工程概算中。

6.1.3 影响装修概预算的因素

装修概预算价格悬殊较大，影响价格变化的因素主要有以下几项。

1. 材料价格有所变化

装饰材料的质量与装修概预算的关系是非常紧密的。首先是物以稀为贵，产地比较远或者比较稀少的材料比本地产的或常见的材料要贵些；其次是材料自身的质量，质地结实、老化时间长的材料要贵些，装饰工程预算与报价就更高，反之则相对便宜；再次就是品牌，名牌、声誉好的产品比无名小厂的材料要贵些（图6-2、图6-3）。

图6-2 品牌材料

图6-3 无名材料

2. 工艺不同价格不同

施工队的工艺是指施工员的施工水平和制作水平。在材料相同的情况下，施工员的技术水平十分重要，它直接影响到装修的质量，即使遇到装修公司促销、打折，施工工艺和施工技术也不能打折。训练有素的施工员要价自然高些，反之就低些，因此在选择装修公司时，要问清施工员的级别与档次。此外，施工员的收费也由用工工时决定，工时越长，价格就越高。

3. 施工管理影响价格

规模较大的家居装修工程，还会有专门的施工管理人员。一项工程倘若没有一个出色的施工管理人员，即使有好的材料和好的施工员，也不一定会有高质量的工程。施工过程是一个复杂的过程，家居装修涉及的工种较多，各工种的交叉作业、工序的先后顺序对保证施工质量都是至关重要的。装修企业管理所产生的费用自然也就反映在业主的装修价格里，由此可见，施工管理质量的优劣也影响最终装修的价格。

4. 公司规模不同影响价格

优秀的装修企业要有相当高的资质和一定的规模，设计部、市场部、工程部、财务部等各种部门配备较为齐全，有专门的办公场所。售前、售中、售后服务各司其职，这些都需要一定的费用，这些费用自然会体现在价格上（图6-4）。

"装饰游击队"的规模则无从谈起，他们人人既是老板、设计师，又是预算员、施工管理员、材料采购员、施工员，找几个同乡、一个气泵、一个电锤、几把锤子和锯，然后就开工了，价格自然低，但质量毫无保证（图6-5）。

图 6-4　装修公司

图 6-5　"装饰游击队"

6.2　装修工程预算的项目

预算是家居装修项目中非常重要的核心问题。预算本身的核心是对家装工程成本的估算。当然，如果工程实际发生的费用都在预算中有所体现，且没有超出预算，那这份预算便做到了极致。

在制订装修预算清单时，一定要根据设计图纸来制订，便于计算出更合理的预算清单。

在制作预算清单时，必须明确装修材料的档次、所包含项目的类型和数量、项目造型的复杂程度等，须知装修材料档次越高，包含项目越全，造型越多、越复杂，报价相应地也就越高（图6-6）。

6.2.1　基础工程项目

1. 拆改项目

如果经设计师设计之后，有需要改动墙体的地方，则需对墙体进行拆改，有时候一些简单的拆改会对整个房屋的舒适度起到很大的改善作用。拆改过程中要注意，有些承重墙或者物业规定不能拆除的墙体不可拆改。

2. 水路项目

水路是装修工程中比较重要的前期项目，水管的质量不容忽视，给水管一般都选用PPR水管，冷、热水管在颜色上也应有区分。

3. 电路项目

在进行电路改造之前要明确开关和插座的安装高度和位置，应选择优质的品牌电线，好品牌的电线会更有保障，同时电路施工员的选择也要慎重。

4. 防水项目

很多人都不重视防水的质量，防水如果没有做好将直接影响到以后的正常使用。现在的楼板质量参差不齐，如果防水没有做好，时间长了水难免会渗漏到楼下，造成的损失肯定是要装修方来承担，搞不好还要吃官司，因此防水一定要做到位，防水材料应尽量选择口碑好的品牌。

5. 门窗项目

门套和窗套基本上都是由木工在现场制作，也有部分情况会选择定做。门窗套的常用材料有细木工板、饰面板、指接板和各种夹板等，不同地区可能存在差异，木工的工价基本上也是按照材料的价格来决定。

6. 涂料项目

涂料项目是在基础装修完成之后才进行的，材料主要有墙面乳胶漆和木器漆，这两种材料价格不等。应在经济承受能力范围内，尽量选择品牌好、污染少的环保漆。

上述内容中，水电、油漆、门窗套等都是装修工程中的固定项目，价格与人工费用的浮动范围都不会很大，只是在材料品牌的选择上会因为型号和等级的不同，存在一定的差异。尤其要注意的是，水电和防水的处理非常重要，但其材料与费用基本保持稳定，不会太影响到总体的预算。

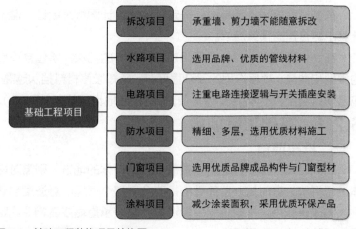

图 6-6　基础工程装修项目结构图

6.2.2 构造工程装修项目

1. 地板项目

地板分实木地板和复合地板，复合地板中又有实木复合地板、强化复合地板。目前强化复合地板使用频率较高，而实木地板在安装时需要打龙骨支架，价格较贵，且需要定期保养，因此在高端装修空间中才会使用。购买地板时一定要详细询问地板其他配件的价格，很多地板商事先不会公开这些配件的价格。

2. 瓷砖项目

现代装修普遍会选择在客厅地面铺瓷砖，在厨房和卫生间的地面和墙面也都会铺贴瓷砖。瓷砖的种类有很多种，价格也因瓷砖质量的好坏在几十到几千之间波动，因此选购时要根据实际情况来选择，要注意拼花固然好看，但人工费也会相应增加。

3. 工艺门项目

各房间多会选择实木门、实木复合门，卫生间则会选择铝合金门，在选择卫生间门时一定要考虑到门的防潮性。门可由厂家定做，也可让木工现场制作，但二者的价格其实不会相差太多，且现场制作反而会延长工期，实际效果也差不多。

4. 吊顶项目

吊顶属于室内装修中的装饰部分，可以根据楼层的实际情况和审美倾向来选择合适的吊顶。目前常用的吊顶为轻钢龙骨吊顶，轻钢龙骨相较于以往的木工骨吊顶，有着防火、防潮、质轻、易安装等优势，厨房和卫生间则会因为潮湿而选择铝扣板吊顶。

5. 厨卫项目

1）卫生间大件：主要有热水器和卫浴三件套，热水器有电热水器和燃气热水器两种，可依据实际情况选择；卫浴三件套包括马桶、洗脸盆和花洒，部分消费者还会选择淋浴房，但淋浴房需根据卫生间的大小来选择。

2）厨房大件：主要包括抽油烟机、气灶、消毒柜、水槽及水龙头。

上述内容主要是装修主材部分的预算。在装修费用中占比较大的主材有橱柜、地板、瓷砖、卫浴洁具等。这些东西在市场上比较普遍，且价格相对透明，普通装修业主都具备一定的理性购买能力，因此可以依据不同的品牌和不同的喜好来主导总价（图6-7）。

此外，这些主材因为产品的品牌和知名度等情况的不同，价格相差较大，所以，在购买之前一定要加强对产品品牌的认识度，如果在这项预算中控制不当，很有可能造成总体预算的超支。

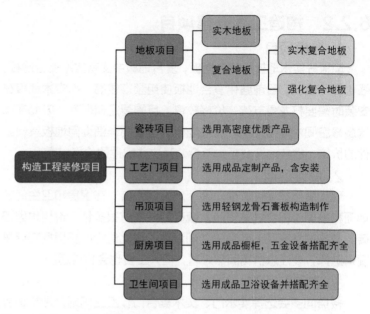

图 6-7　构造工程装修项目结构图

6.2.3　个性装饰与功能补充项目

1. 装饰项目

装饰部分主要有造型吊顶、背景墙、顶角线等，其中电视背景墙在材料选择和做法上会因设计的多样性而有较大不确定性，尤其是可能会应用到一些新型材料；造型吊顶应根据实际情况设计，在预算不足的情况下，可以用一些比较简单的顶角线来装饰。

2. 补充项目

家具作为装修的重要装饰部分，同时也是家居空间中一部分功能的补充，例如进门玄关柜、客厅电视柜、卧室中的衣柜等，这些既是装饰，又是储藏空间（图 6-8）。

在装修过程中，为了达到追求的效果可能会在设计中用到造型墙，这些个性化的项目在材料和人工费上的花费会比较多，尤其是为了突出效果会使用一些特殊的材料，价格也会更加的昂贵，当然同样的项目用不同的材料也会有不同的效果。

图 6-8　装饰与补充项目结构图

6.3 装修概预算计算方法

装修所涉及的门类丰富、工种繁多，预算报价基本上是沿用了土木建筑工程的计算方法，随着市场不断完善，各种方法也层出不穷，这里主要介绍实用性最强的四种方法。

6.3.1 估算法

估算法是对当地的建筑装饰材料市场和施工劳务市场进行调查，统计材料价格与人工价格，再对实际工程量进行估算，从而计算出装修的基本价，以此为基础，再计入管理费和装修公司既得利润与税金即可，这种方式中的综合损耗一般设定在10%左右。

例如，在对某省会城市装饰材料市场和施工劳务市场进行调查后，了解到在当地装修三室两厅两卫约120m²的住宅，按中等装修标准，所需材料费约为50000元，人工费约为15000元，装修公司的管理费、利润与税金约为10500元。以上四组数据相加，总计75500元，这是估算出来的价格（图6-9）。

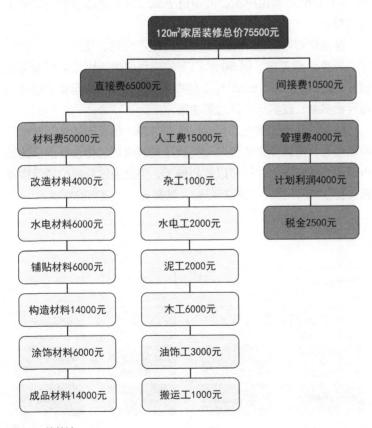

图6-9 估算法

这种方法比较普遍，对于装修业主而言测算简单、容易上手，装修业主可以通过考察市场和向有装修经验的人咨询，了解到装修的大致花费。由于装修方式、材料品牌、装饰细节的不同，最终估算的价格肯定也会与实际费用有一定的差异，不能一概而论。

6.3.2 类比法

类比法是对同档次已装修完的住宅的装修费用进行调查，用调查到的总价除以建筑面积（m²），将得出的综合造价乘以即将装修的住宅的建筑面积（m²），即可得出装修总费用。

例如，现代中高档家居装修的综合造价约为 1000 元/m²，那么可以类比得出三室两厅两卫约 120m² 的住宅装修总费用约为 120000 元。

这种方法的可比性很强，不少装修公司在营销推广时都是以这种方法来计量的。例如，经济型装修 600 元/m²，舒适型装修 1000 元/m²，小康型装修 1200 元/m²，豪华型装修 1500 元/m²（图 6-10）。

选择时应注意装饰工程中是否包含配套设施，如五金配件、厨卫洁具、电器设备等。当然，这种方法一般适用于 80 ~ 150m² 的常见户型，面积过小或过大时具体情况可能会出现偏差。

虽然装修中的基础消费基本是固定不变的，无论大、小户型都会覆盖全套工艺，但 50m² 以下的户型使用类比法可能会造成预算经费不足，而 150m² 以上的户型使用类比法则可能会造成预算经费多余，在实际计算时应注意。

估算法与类比法虽然用起来比较简单，但是不能作为唯一的参照依据，可以使用估算法和类比法检查核算装修企业提供的报价。如果差异不大，则可以放心施工，但是要注意报价项目中是否包含了所有门类，如果有差异，则需要进行适当的增减。

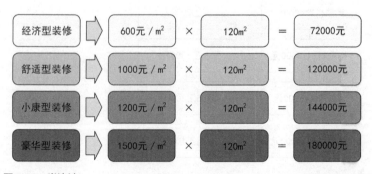

图 6-10 类比法

6.3.3 成本核算法

　　成本核算法需要充分了解所需的装饰材料的价格，分项计算工程量，从而求出总的材料购置费，然后再计入材料的损耗、用量误差和装修企业的利润等，最后所得即为总的装修费用。这种方法又称为预制成品核算，一般为装修企业内部的计算方法。成本核算法的应用并不普遍，需要装修业主对主材、辅材、人工等多项价格有详细的了解和多年的实践经验，装修业主可以聘请专业人士协助计算，也可以使用这种方法对装修公司的报价进行验证，其超出部分即为装修公司的额外利润。

　　下面就运用成本核算法来计算某衣柜的预算报价，该衣柜的尺寸为 2200mm×2200mm×550mm（高 × 宽 × 深），木芯板框架结构，内外均贴饰面板，背侧和边侧贴墙固定，配饰为五金拉手、滑轨等，外涂清漆（图 6-11）。

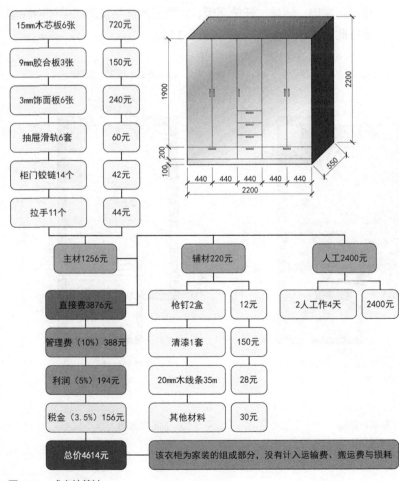

图 6-11 成本核算法

6.3.4 工程量法

工程量法需要进行比较细致地调查，对装修中各分项工程的综合造价有所了解，然后计算其工程量，将工程量乘以综合造价，最后计算出工程直接费、管理费、税金，所得出的最终价格即为装修企业提供给业主的报价。

工程量法是市面上大多数装修企业的首选报价方法，名类齐全、详细丰富、可比性强，同时也是各企业相互竞争的有力法宝。工程量法的应用非常普遍，装修企业提到的各项数据均非常考究，由于利润已经包含在各工程项目之中，计划利润也可以不列举，装修业主需要多番比较各项数据，认真商讨，由于工程复杂，这里只以某室内卧室与卫生间的预算报价为例。

这间卧室地面铺设复合木地板，墙面涂饰乳胶漆，室内家具包括组合衣柜、电视角柜等，装饰构件包括门窗套、叠级顶墙线、大理石窗台面、房间门与卫生间门。卫生间地面铺设防滑地砖，墙面铺设瓷砖，顶部为铝扣板吊顶，另外还须在淋浴区涂刷防水涂料。家电、洁具、开关面板、大型五金饰品及成品装饰构件均不在此预算之列（图 6-12 ~ 图 6-14）。

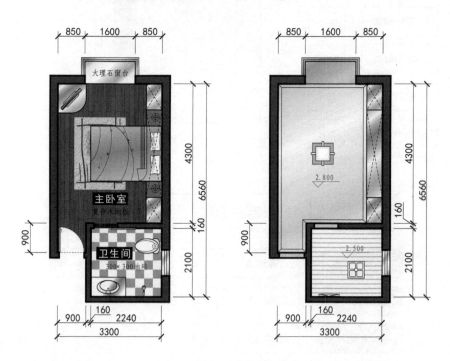

图 6-12　平面布置图　　　　　图 6-13　顶棚布置图

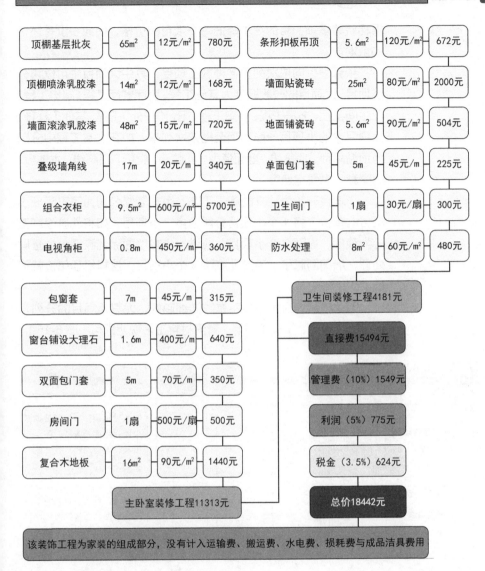

顶棚基层批灰	65m²	12元/m²	780元
顶棚喷涂乳胶漆	14m²	12元/m²	168元
墙面滚涂乳胶漆	48m²	15元/m²	720元
叠级墙角线	17m	20元/m	340元
组合衣柜	9.5m²	600元/m²	5700元
电视角柜	0.8m	450元/m	360元
包窗套	7m	45元/m	315元
窗台铺设大理石	1.6m	400元/m	640元
双面包门套	5m	70元/m	350元
房间门	1扇	500元/扇	500元
复合木地板	16m²	90元/m²	1440元

条形扣板吊顶	5.6m²	120元/m²	672元
墙面贴瓷砖	25m²	80元/m²	2000元
地面铺瓷砖	5.6m²	90元/m²	504元
单面包门套	5m	45元/m	225元
卫生间门	1扇	30元/扇	300元
防水处理	8m²	60元/m²	480元

卫生间装修工程4181元

直接费15494元

管理费（10%）1549元

利润（5%）775元

税金（3.5%）624元

总价18442元

主卧室装修工程11313元

该装饰工程为家装的组成部分，没有计入运输费、搬运费、水电费、损耗费与成品洁具费用

图6-14 工程量法

6.4 装修合同中的预算与付款

6.4.1 预算表

1. 预算表的组成部分

装修预算表一般以表格的形式出现，表格横向分别为项目名称、单位、工程量、单价、合计、材料工艺说明6个项目。也有装修公司会分得更细些，将单价分为人工费、材料费、机械费、

損耗费等多项，目的在于降低每个项目的价格，使业主没有还价的余地。

预算表纵向依次列出各种施工项目，其中大项目中可以再分小项目，大项目的一般顺序为基础工程、客厅餐厅工程、厨房工程、卫生间工程、书房工程、卧室工程、阳台（户外）工程、其他工程等，大项目中的小项目一般从顶至地依次列举，如在卧室工程中分别为顶棚吊顶、顶角线、墙面造型、乳胶漆、壁纸、踢脚线、木地板、门窗套、家具构造等。

小项目一般为独立的施工工艺，也有装修公司为了不降低小项目的单价，将1个小项目分解为多个小项目，如将乳胶漆施工分为顶棚、墙面2个小项目，或进一步将墙面涂乳胶漆分为基层处理、墙面刮腻子、滚涂乳胶漆3个小项目，这样每项单价就很低了。

因此，装修报价单并不是越详细越好，尤其是项目的分列，只需比较单价、核实工程量、看清材料工艺说明即可（图6-15）。

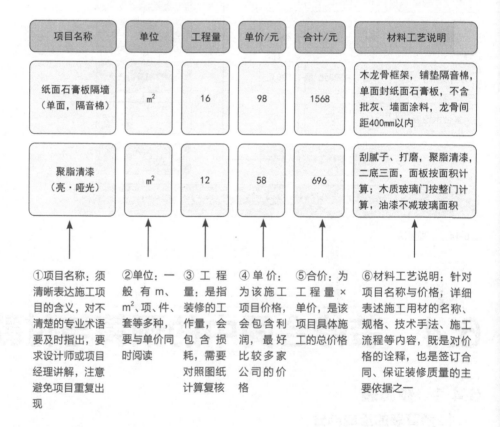

项目名称	单位	工程量	单价/元	合计/元	材料工艺说明
纸面石膏板隔墙（单面，隔音棉）	m²	16	98	1568	木龙骨框架，铺垫隔音棉，单面封纸面石膏板，不含批灰、墙面涂料，龙骨间距400mm以内
聚脂清漆（亮·哑光）	m²	12	58	696	刮腻子、打磨，聚脂清漆，二底三面，面板按面积计算；木质玻璃门按整门计算，油漆不减玻璃面积

①项目名称：须清晰表达施工项目的含义，对不清楚的专业术语要及时指出，要求设计师或项目经理讲解，注意避免项目重复出现

②单位：一般有m、m²、项、件、套等多种，要与单价同时阅读

③工程量：是指装修的工作量，会包含损耗，需要对照图纸计算复核

④单价：为该施工项目价格，会包含利润，最好比较多家公司的价格

⑤合价：为工程量×单价，是该项目具体施工的总价格

⑥材料工艺说明：针对项目名称与价格，详细表述施工用材的名称、规格、技术手法、施工流程等内容，既是对价格的诠释，也是签订合同、保证装修质量的主要依据之一

图6-15　家居装修报价单

2. 利润分解

装修企业制订的装修预算表很有学问，会将利润细致地隐藏在项目表格中，不让业主发现其中的利润。常规施工项目的价格一般不会很高，如水电布设、瓷砖铺贴、衣柜、乳胶漆等项目，因为业主会多方询问、比较，很容易得出市场均价，这类项目中的利润多为 20% ~ 30%。

结构改造、设备安装、花园景观等项目不会每次都出现在装修施工中，其中会隐藏巨额利润，利润会超过报价的 50%，甚至接近 100%。在预算单中要注意比较、识别，对不了解的项目要多方考察、询问。此外，还有一部分利润会分解到装修损耗中去，从而产生虚有的"损耗"，正常的损耗计量应根据实际材料和工艺来设定（图 6-16）。

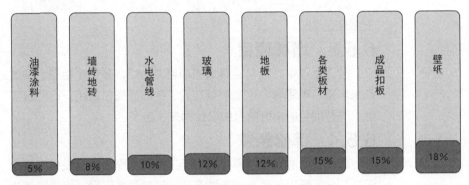

图 6-16　损耗计量

6.4.2　付款方式

首先，应当使用当地建筑管理或工商部门编制的规范的装饰装修合同文本，才能保证公平公正；其次，在合同中约定好付款时间和方式。一般可采用以下几种方式付款：

1）先付工程款的 20%，工程完成后付到 80%，工程验收后付到 95%，留 5% 的质量保证金，一年后付清。

2）材料进场验收合格开工前支付 30%；中期验收合格支付 30%；竣工验收合格支付 30%；保洁、清场后支付 10%。

3）首付 20%，水电完工验收完毕支付 30%，木工、铺砖完毕支付 30%，然后验收合格支付 20%。

4）首付 30%，中期验收合格支付 30%，木工、铺砖完后支付 20%，最后验收合格支付 15%，一年保修期后支付 5%。

6.5 谨慎签订装修合同

签订装修预算合同前，一定要商定好工期、付款方式等一些重要的内容，以防在后期的沟通中出现分歧。签订合同时有些常见的注意事项，如装修合同中出现一些含糊的词汇时，业主应拒绝签订，不然在后期施工中，会出现许多难以预料的问题。

6.5.1 工期约定

一般两居室 100m^2 的装修，简单装修的工期在 35 天左右，装修企业为了保险，一般会把工期约定到 45～50 天，如果业主着急入住，可以在签订合同时和设计师商榷此条款。

6.5.2 付款方式

装修款不宜一次性付清，最好能分成首期款、中期款和尾款三部分。

6.5.3 增减项目

装修过程中，很容易有增减项目，例如，多做个柜子，多改几米水路、电路等。这些都要在完工的时候支付费用。已经开工后，这些项目的单价就是由设计师来决定了。

6.5.4 保修条款

现在装修的整个过程还是以手工现场制作为主，没有实现全面工厂化，所以难免会有各种各样细碎的质量问题。保修时间内如果出了问题，装修公司是包工包料全权负责保修，还是只包工，不负责材料保修，或是还有其他制约条款，这些一定要在合同中写清楚。

6.5.5 水电费用

装修过程中，现场施工都会用到水、电。一般到工程结束，水电费加起来是笔不小的数字，这笔费用应该由谁来支付，也应该在合同中标明。

6.5.6 按图施工

装修企业应严格按照业主签字认可的图纸施工，如果细节尺寸和设计图纸上的不符合，可以要求返工。

6.5.7 监理和质检到场时间和次数

装修企业通常将工程分给各个施工队来完成，质检人员和监理是装修企业最重要的监督手段，他们到场巡视的时间间隔对工程质量的影响尤为重要。监理和质检应该每隔 2 天到场一次，设计也应该 3～5 天到场一次，查看现场施工结果与设计是否相符合。

6.5.8 在合同中注明所用材料的信息

购买材料时，要和材料商在合同里写好使用某种型号、某批次的一等品或合格品。委托购买材料时，也要写好协议书，一定要一次性购买好材料，不够时，要使用同等品牌、同型号的材料。

6.5.9 在合同中写清楚施工工艺

在合同中写清楚施工工艺，是一个约束施工方严格执行约定工艺，防止偷工减料的好方法。尽管合同里做了一些规定，但是大多数比较粗浅，有时对于材料的品牌、采购的时间期限、验收的方法、验收人员等没有做出明确规定，因此在合同文件中一定要写清楚施工细节。在装修过程中还要做好监督工作，应监督施工中是否有谎报用料、用工等情况，还要监督防水、管线等重点施工时段，避免隐蔽部位存在隐患。

6.5.10 细化装修合同的内容

大多数业主在装修时都非常注重装修的整体费用和装修设计，仕签订合同时也会特别注意装修材料、工艺、工期等方面的约定，而忽略了装修款的支付方式等问题，甚至有些合同没有对其进行明确的约定，结果在施工过程中常常因某笔款项的支付时间不明而产生纠纷，从而影响工程进度和装修质量。

在签订装修合同时，要在合同中明确装修款的支付方式、时间、流程以及违约的责任、处置办法等。合同约定得越仔细，产生纠纷的可能性就越小，装修的工期和质量才会有所保障。

第7章

装修预算与案例解析

识读难度：★★★★★

重点概念：地中海风格、北欧风格、混搭风格、极简风格、简欧风格

章节导读：装修最需要的设计，就是在视觉上能完全符合审美，价格也能在接受的范围以内。当案例较多时，人往往会眼花缭乱。本章筛选了几套具有代表性的装修案例以供参考，其中有很多可以参考的地方，无论是在造型、风格还是在报价上都可以借鉴。本章预算、决算表中的数据为项目实际结果，因无法展示案例全貌，表中数据与平面图存在一定偏差，案例数据仅供参考。通常参考的原则是整体参考，局部借鉴，细节照搬。

7.1 98m² 地中海风格装修案例

> 这是一套建筑面积为 98m² 的两室两厅户型，卧室空间面积适中，房型比较规整，能满足正常的家居生活需求，况且家装设计不在大小，而在于空间处理的合理布局，这类中等户型可选择浪漫的地中海风格，只要空间布局得当，同样可以创造出大气、宽敞、舒适的住宅空间。

地中海风格是近年来比较流行的家居装修风格，但是要塑造纯粹的地中海风格造价较高。纯粹的地中海风格属于环绕地中海的三个历史文明区域，即希腊与意大利、法国南部、非洲北部，这三个区域的连线形成了一个三角形，将地中海区域稳固地连接在一起，从而形成了地中海文明的发展中心。

地中海风格可与现代风格相融合，这种装修方式张弛有度，家装消费者可根据自己的经济状况及爱好来有选择地进行搭配，这样也能获得意想不到的效果。这套两室两厅户型是现代住宅中的典范，是很正式的朝南格局，业主希望营造出不拘一格的法式地中海风格，这是风靡全球的家居装修风格，在任何国家地区都有所表现（图 7-1 ~图 7-17、表 7-1）。

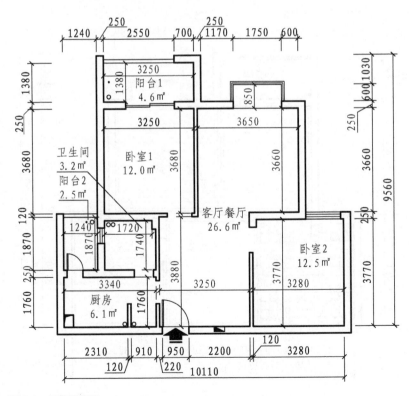

图 7-1 原始平面图

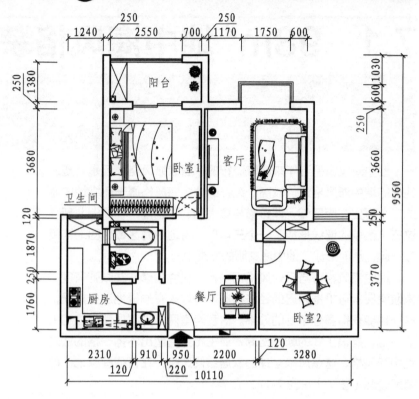

图7-2 平面布置图

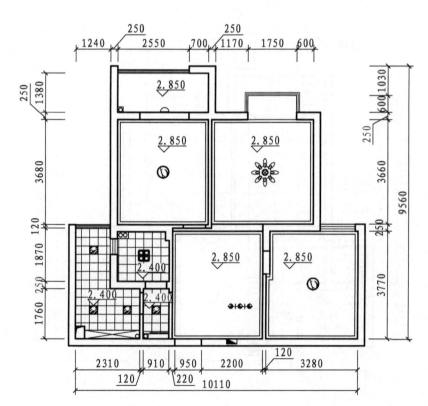

图例：

花形吊灯

餐厅吊灯

吸顶灯

浴霸

吊顶格灯

图7-3 顶棚布置图

图 7-4 客厅（一）
↑蓝色电视背景墙、白色柜体、实木色的柜面，这些元素搭配在一起，既有欧式古典韵味，细节耐看，又有地中海风情的闲逸，同时还具有现代城市快节奏生活之余追求的轻松感。

图 7-5 客厅（二）
↑在家居生活中，客厅是主要的活动空间，最能体现房主的品位和修养，现代风格的家居追求的是实用，沙发、装饰画等物件色彩丰富，能很好地加强整个空间的氛围感。

图 7-6 客厅（三）
↑客厅与餐厅不做任何吊顶，定位为简约的格调，顶角安装直纹石膏线，墙面涂刷米黄色乳胶漆，在阳光的照射下显得环境特别温馨。

图 7-7 餐厅
↑储藏柜、餐桌采用蓝色调，显得稳重大气。

图 7-8 入户玄关
↑玄关处通过提高主体家具的明度使家具与墙体形成比较鲜明的对比。

图 7-9 入户鞋柜
↑门厅鞋柜为白色，与房间门统一，柜门为欧式模压造型，体现古典韵味。

图 7-10　书柜

↑卧室的墙面采用蓝绿色，色彩纯度略低，与客厅家具色调统一。

图 7-11　卧室大床

↑卧室设有舒适简约的大床，整体空间简单又不失格调。

图 7-12　主卧

↑主卧床头配有现代风格的海报装饰画，能有效提高房间的活泼指数。

图 7-13　主卧衣柜

↑主卧有整体推拉门衣柜，配置蓝色古典陶瓷拉手，视觉效果较好。

图 7-14　卫生间（一）

↑纯粹地中海风格的镜前灯是这一空间的点缀，带有花案的腰线瓷砖也丰富了空间的视觉效果。

图 7-15　卫生间（二）

↑卫生间黑白灰的马赛克墙面使空间具有精致的设计感，这也能让卫生间内的设计元素更丰富。

图 7-16 厨房（一）
↑厨房装修都选用整体橱柜，一来方便，二来也比较美观。

图 7-17 厨房（二）
↑厨房与卫生间的扣板的样式经过精心挑选，墙面铺装仿古砖，橱柜柜门的款式与卧室衣柜保持一致。

表 7-1 预算、决算表

序号	项目名称	单位	数量	单价 / 元	合计 / 元	材料工艺及说明
一、基础工程						
1	墙体拆除	m²	5.6	55	308.0	拆墙、渣土装袋，包清运，水泥砂浆找平框架
2	卫生间地面回填	m²	3.7	65	240.5	水泥砂浆填平地面
3	包落水管	根	5.0	150	750.0	龙骨包扎，水泥砂浆找平
4	其他局部改造	项	1.0	500	500.0	全房局部修饰、改造，人工、辅料
5	施工耗材	项	1.0	800	800.0	电动工具损耗折旧，耗材更换，包括钻头、砂纸、打磨片、切割片、脚手架梯、墨线盒、操作台、编织袋、泥桶、水桶水箱、扫帚、铁锹、劳保用品等
6	客厅、餐厅、卧室顶棚石膏线条	m	63.5	30	1905.0	采用宽 100mm 的成品石膏线条，乳胶漆饰面
	合计				4503.5	
二、水电工程						
1	进水管隐蔽工程改造	m	56.0	60	3360.0	PPR管，打槽、入墙、安装，拆除原有管道，布设新管道，含洁具设备安装

（续）

序号	项目名称	单位	数量	单价/元	合计/元	材料工艺及说明
2	排水管隐蔽工程改造	m	4.2	50	210.0	PVC排水管，接头、配件、安装，含洁具设备安装
3	电路隐蔽工程改造	m	225.0	28	6300.0	BVR铜线，照明、插座线路2.5mm²，空调线路4mm²，国标电视线、电话线、音响线、网络线、PVC绝缘管，不含开关、插座面板与暗盒，改造现有电路，含灯具安装
4	卫生间、阳台防水层	m²	13.5	95	1282.5	聚氨酯高强防水涂料涂2遍，防腐密封涂料调配涂2遍
	合计				11152.5	

三、客厅、餐厅工程

序号	项目名称	单位	数量	单价/元	合计/元	材料工艺及说明
1	墙面、顶棚基层处理	m²	101.5	12	1218.0	水泥砂浆找平墙面
2	墙面、顶棚涂乳胶漆	m²	101.5	22	2233.0	乳胶漆，成品腻子刮2遍，打磨，单色乳胶漆涂2遍，底漆涂1遍
3	外挑窗台	m	1.8	295	531.0	铺装米色、18mm厚天然大理石
4	电视背景墙	项	1.0	2000	2000.0	根据图纸施工，不含壁纸、玻璃
	合计				5982.0	

四、厨房工程

序号	项目名称	单位	数量	单价/元	合计/元	材料工艺及说明
1	外墙瓷砖拆除	m²	12.5	40	500.0	拆除、渣土装袋，包清运，水泥砂浆找平
2	外墙表面凿毛处理	m²	12.5	40	500.0	电锤凿毛，挂钢丝网，水泥砂浆封平，边角找平
3	墙面铺贴瓷砖	m²	39.1	72	2815.2	水泥砂浆铺贴，含防水剂、胶水、稳定剂等，人工，不含瓷砖
4	地面铺贴瓷砖	m²	9.6	75	720.0	水泥砂浆铺贴，含防水剂、胶水、稳定剂等，人工，不含瓷砖
	合计				4535.2	

（续）

序号	项目名称	单位	数量	单价 / 元	合计 / 元	材料工艺及说明
五、卫生间工程						
1	墙面铺贴瓷砖	m²	19.1	72	1375.2	水泥砂浆铺贴，含防水剂、胶水、稳定剂等，人工，不含瓷砖
2	地面铺装地砖	m²	3.5	75	262.5	水泥砂浆铺贴，含防水剂、胶水、稳定剂等，人工，不含瓷砖
	合计				1637.7	
六、卧室 1 工程						
1	墙面、顶棚基层处理	m²	71.3	12	855.6	水泥砂浆找平墙面
2	墙面、顶棚涂乳胶漆	m²	71.3	22	1568.6	乳胶漆，成品腻子刮 2 遍，打磨，单色乳胶漆涂 2 遍，底漆涂 1 遍
3	衣柜	m²	7.3	720	5256.0	免漆板全套制作，含拉手、铰链、滑轨、推拉门等五金件，上部开门，下部推拉门，衣柜上部过门
4	阳台地面铺贴地砖	m²	5.1	75	382.5	水泥砂浆铺贴，含防水剂、胶水、稳定剂等，人工，不含瓷砖
5	阳台柜	m²	3.6	700	2520.0	免漆板全套制作，含拉手、铰链等五金件，不含玻璃
	合计				10582.7	
七、卧室 2 工程						
1	墙面、顶棚基层处理	m²	47.6	12	571.2	水泥砂浆找平墙面
2	墙面、顶棚涂乳胶漆	m²	47.6	22	1047.2	乳胶漆，成品腻子刮 2 遍，打磨，单色乳胶漆涂 2 遍，底漆涂 1 遍
3	衣柜、书桌、书柜一体	m²	5.8	700	4060.0	免漆板全套制作，含拉手、铰链、滑轨等五金件，不含玻璃
	合计				5678.4	
八、其他工程						
1	材料运输费	项	1.0	1200	1200.0	从材料市场到施工现场楼下的运输费用

（续）

序号	项目名称	单位	数量	单价/元	合计/元	材料工艺及说明
2	材料搬运费	项	1.0	1800	1800.0	材料市场搬运上车，门口搬运入户
3	垃圾清运费	项	1.0	800	800.0	装饰施工建筑垃圾装袋，搬运到指定位置
	合计				3800.0	
九、工程直接费					47872	上述项目之和
十、设计费		m²	98.0	60	5880.0	现场测量、绘制施工图、绘制效果图、预算报价，按建筑面积计算
十一、工程管理费					4787.2	工程直接费 ×10%
十二、税金					2002.0	（工程直接费＋设计费＋工程管理费）× 3.42%
十三、工程预算总价					60541.2	工程直接费＋设计费＋工程管理费＋税金
十四、增补与采购工程						
1	代缴水费	项	1.0	60	60.0	水费50元，卡10元
2	阳台封闭	m²	8.3	270	2241.0	5mm厚钢化玻璃、白色铝合金边框，外喷灰色油漆
3	厨房墙砖、地砖垫付	项	1.0	2900	2900.0	陶瓷砖
4	补充瓷砖腰线	项	1.0	60	60.0	破损瓷砖腰线补充采购
5	补充瓷砖	项	1.0	580	580.0	破损瓷砖补充采购
6	书房窗台	m	1.1	155	170.5	铺装米色、18mm厚天然大理石
7	卫生间门槛	m	0.9	185	166.5	铺装黑色、18mm厚天然大理石
8	卫生间宽缝仿古砖填缝剂	盒	15.0	16	240.0	填缝剂，宽缝仿古砖整补专用
9	阳台墙面瓷砖增补垫付	块	18.0	3.5	63.0	陶瓷砖规格300mm×300mm，井格绿色
10	阳台墙面瓷砖增补铺装	m²	1.7	72.0	122.4	水泥砂浆铺贴，含防水剂、胶水、稳定剂等，人工，不含瓷砖

（续）

序号	项目名称	单位	数量	单价／元	合计／元	材料工艺及说明
11	卫生间墙面铺贴仿古瓷砖整补人工费	m²	19.1	10	191.0	200mm×200mm 仿古砖，宽缝砖每平方米增补 10 元人工费，填缝
12	卫生间外部墙面增高 250mm	m²	1.3	82	106.6	200mm×200mm 仿古砖，宽缝砖每平方米 72 元＋增补 10 元人工费＝82 元，填缝
13	厨房天然气改造垫付	m²	1.0	500	500.0	燃气公司改造，全价 760 元，垫付 500 元
14	厨房、卫生间吊顶扣板原有订单撤销	项	1.0	200	200.0	取消原有全白色扣板订单，支付定金 200 元
15	厨房、卫生间吊顶扣板垫付	m²	12.0	85	1020.0	选购垫付，12m² 包安装
16	成品橱柜拉手代购垫付	项	1.0	188.8	188.8	未承包橱柜与鞋柜，拉手为网络代购，厨房圆形拉手 16 个 ×5.5 元／个＝88 元，鞋柜卫浴柜拉手 6 个 ×16.8 元／个＝100.8 元
17	鞋柜安装固定、板材封闭、门套侧面修补，鞋柜背板修补与涂漆	项	1.0	230	230.0	免漆板封闭固定，底部水泥砂浆固定，顶部钉子固定，内侧聚氨酯泡沫填缝剂填缝，外侧白色玻璃胶填缝，中央背板与侧面涂刷乳胶漆
18	防盗门框灌浆固定	项	1.0	50	50.0	水泥砂浆找平墙面，门框灌浆，破损踢脚线瓷砖修补，门牌复原
19	浴霸加长排气管	件	1.0	15	15.0	代购浴霸加长排气管
20	灯具电路二次更换安装	项	1.0	230	230.0	根据业主要求，重新安装卧室顶灯，调整客厅顶灯，更换餐厅灯泡，增加卫生间顶灯，修改卫生间线路，加固卫生间吊顶龙骨支撑，电工半个工作日工资 200 元，辅料 30 元

（续）

序号	项目名称	单位	数量	单价/元	合计/元	材料工艺及说明
21	燃气、热水器安装	项	1.0	150	150.0	燃气、热水器固定,烟管安装固定,辅料,人工
22	燃气灶安装	项	1.0	100	100.0	安装固定,燃气管接通,辅料,人工
23	抽油烟机安装	项	1.0	150	150.0	安装固定,排烟管、电源接通,辅料,人工
24	房间顶灯重新安装调试	项	1.0	250	250.0	拆除、重新安装固定,电源接通,辅料,增加人工工时
	合计				9984.8	
十五、减少工程						
	成品柜门	m²	6.2	70	434.0	交给橱柜一体制作,平均主材50元/m²,人工20元/m²
	合计				434.0	
十六、工程决算总价					70092.0	

注：此预算、决算不含物业管理与行政管理所产生的费用,物业管理与行政管理的费用不由甲方承担。施工中项目和数量如有增加或减少,则按实际施工项目和数量结算工程款。

7.2 96m² 北欧风格装修案例

这是一套紧凑的三室二厅户型,在不足 100m² 的面积里划分出了三间卧室,且每间卧室都有足够的空间,能满足正常的家居生活需求。对于以简洁、实用为主要宗旨的家庭来说,北欧风格是再合适不过了,它能使空间得到最大程度的利用,将使用功能和品质追求融于一体。

北欧风格与装饰艺术风格、流线型风格等追求时髦和商业价值的形式主义不同,北欧风格以简洁实用为设计宗旨,既有对传统的尊重,对自然材料的欣赏,又有对形式和装饰的克制,力求在形式和功能上形成统一。在空间设计中,北欧风格室内的墙面、地面、顶棚可以使用完全不同的装饰图案与纹样,只用简单的线条、色块来进行区分。

北欧风格家具的主要特点是简洁、造型别致、做工精细,在色彩上喜好纯色,在造型上借鉴了包豪斯设计风格,融入斯堪的纳维亚地区的特色,完全不使用雕花、纹饰,形成了以自然简约为主的独特风格。（图 7-18 ~图 7-26、表 7-2）。

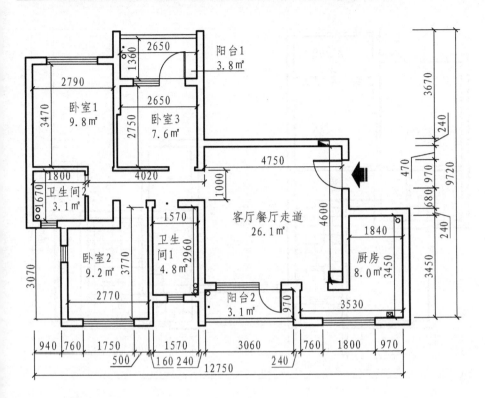

图 7-18 原始平面图

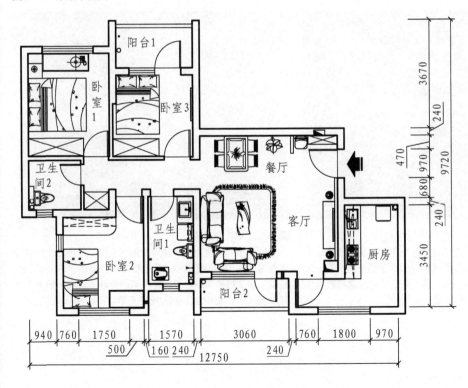

图 7-19 平面布置图

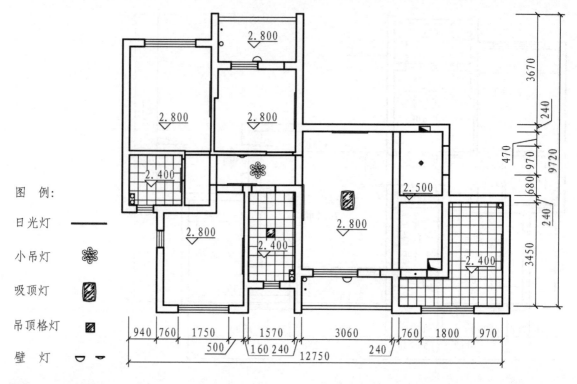

图 7-20 顶棚布置图

图　例:

日光灯 ——

小吊灯 ✿

吸顶灯 ▨

吊顶格灯 ▨

壁　灯 ◡ ◠

图 7-21 走道

↑走道是该户型中最大的亮点,它几乎贯穿居室中所有的功能空间。白色既能表现出北欧风格简约自然的特点,同时又能在视觉上起到增大空间感的效果。墙上的照片墙与暖黄色的灯具也起到了很好的点缀作用。

图 7-22 客厅背景墙

↑北欧风格的家居装修多使用纯色来装饰。采用白色乳胶漆涂饰客厅的电视机背景墙,电视柜以高纯度的蓝色与棕色相搭配。为了打破这种过于简约带来的单调感,在背景墙上铺贴田园风格的墙纸加以点缀,给空间增添了活泼俏皮的感觉。

图 7-23　客厅电视柜
↑北欧风格的家具以简约著称，具有很浓的后现代主义特色，注重流畅的线条设计，具有一种回归自然的韵味。

图 7-24　卧室装饰柜
↑卧室装饰柜是实木与透明钢化玻璃相结合的形式，简约的造型使柜体得以最大化发挥储藏功能，同时，玻璃的透光特性增添了装饰效果，柜体集储藏与装饰功能于一体。

图 7-25　儿童房
↑带有阳台的卧室被设置为儿童房，阳台外充足的阳光保证了房间内光线充裕，有益于儿童的健康成长。内侧墙上设有置物搁板，可以摆放一些孩子喜欢的小物件或相框，增添童趣。

图 7-26　次卧室
↑次卧室是集书房与客房于一体的多功能空间，不论是墙上挂置的装饰画与书法作品，还是桌上放置的陶瓷器皿和小动物摆件，都能彰显出居室主人的高级品位与格调。

表 7-2　预算、决算表

序号	项目名称	单位	数量	单价/元	合计/元	材料工艺及说明
一、基础工程						
1	卫生间地面回填	m²	7.7	75.0	577.5	水泥砂浆填平地面
2	包落水管	根	5.0	155.0	775.0	龙骨包扎，水泥砂浆找平
3	厨房、卫生间防水处理	m²	7.5	85.0	637.5	聚氨酯防水涂料涂刷 2 遍，聚合物防水涂料涂刷 2 遍，防水剂涂刷 2 遍

（续）

序号	项目名称	单位	数量	单价／元	合计／元	材料工艺及说明
4	其他局部改造	项	1.0	600.0	600.0	全房局部修饰、改造，人工、辅料
5	施工耗材	项	1.0	800.0	800.0	电动工具损耗折旧，耗材更换，包括钻头、砂纸、打磨片、切割片、脚手架梯、墨线盒、操作台、编织袋、泥桶、水桶水箱、扫帚、铁锹、劳保用品等
	合计				3390.0	
二、水电工程						
1	进水管隐蔽工程改造	m	46.5	58.0	2697.0	PPR 管，打槽、入墙、安装，拆除原有管道，布设新管道
2	排水管隐蔽工程改造	m	25.2	50.0	1260.0	PVC 排水管，接头、配件、安装
3	洁具安装	项	1.0	500.0	500.0	含安装辅料与人工，不含洁具
4	电路隐蔽工程改造	m	288.0	26.0	7488.0	BVR 铜线，照明、插座线路 2.5mm²，空调线路 4mm²，国标电视线、电话线、音响线、网络线、PVC 绝缘管，不含开关、插座，对现有电路进行改造
5	灯具安装	项	1.0	500.0	500.0	含安装辅料与人工，不含灯具
	合计				12445.0	
三、客厅、餐厅工程						
1	墙面、顶棚基层处理	m²	96.1	12.0	1153.2	成品腻子刮 2 遍，打磨
2	墙面、顶棚涂乳胶漆	m²	96.1	15.0	1441.5	单色乳胶漆涂 2 遍，底漆涂 1 遍
	合计				2594.7	
四、厨房工程						
1	墙面铺贴瓷砖	m²	36.9	72.0	2656.8	水泥砂浆铺贴，人工，不含瓷砖
2	地面铺装防滑砖	m²	8.0	75.0	600.0	水泥砂浆铺贴，人工，不含瓷砖
	合计				3256.8	
五、卫生间工程						
1	墙面铺贴瓷砖	m²	32.5	72.0	2340.0	水泥砂浆铺贴，人工，不含瓷砖

（续）

序号	项目名称	单位	数量	单价 / 元	合计 / 元	材料工艺及说明
2	墙面、顶棚涂乳胶漆	m²	20.0	15.0	300.0	单色乳胶漆涂 2 遍，底漆涂 1 遍
3	墙面铺贴踢脚线	m	6.8	15.0	102.0	水泥砂浆铺贴，人工，不含瓷砖踢脚线
4	地面铺装地砖	m²	8.4	75.0	630.0	水泥砂浆铺贴，人工，不含瓷砖
	合计				3372.0	
六、卧室 1 工程						
1	墙面、顶棚基层处理	m²	49.2	12.0	590.4	成品腻子刮 2 遍，打磨
2	墙面、顶棚涂乳胶漆	m²	49.2	15.0	738.0	单色乳胶漆涂 2 遍，底漆涂 1 遍
	合计				1328.4	
七、卧室 2 工程						
1	墙面、顶棚基层处理	m²	50.5	12.0	606.0	成品腻子刮 2 遍，打磨
2	墙面、顶棚涂乳胶漆	m²	50.5	15.0	757.5	单色乳胶漆涂 2 遍，底漆涂 1 遍
3	闭门器安装	件	2.0	80.0	160.0	双阳台闭门器安装，人工、辅料
4	墙面铺贴瓷砖踢脚线	m	13.2	15.0	198.0	水泥砂浆铺贴，人工，不含瓷砖踢脚线
5	地面铺装玻化砖（600mm×600mm）	m²	9.2	75.0	690.0	水泥砂浆铺贴，人工，不含瓷砖
	合计				2411.5	
八、卧室 3 工程						
1	墙面、顶棚基层处理	m²	42.5	12.0	510.0	成品腻子刮 2 遍，打磨
2	墙面、顶棚涂乳胶漆	m²	42.5	15.0	637.5	单色乳胶漆涂 2 遍，底漆涂 1 遍
	合计				1147.5	
九、走道工程						
1	墙面、顶棚基层处理	m²	40.2	12.0	482.4	成品腻子刮 2 遍，打磨
2	墙面、顶棚涂乳胶漆	m²	40.2	15.0	603.0	单色乳胶漆涂 2 遍，底漆涂 1 遍
	合计				1085.4	
十、阳台工程						
	地面铺装仿古砖	m²	8.7	75.0	652.5	水泥砂浆铺贴，人工，不含瓷砖
	合计				652.5	

（续）

序号	项目名称	单位	数量	单价/元	合计/元	材料工艺及说明
十一、其他工程						
1	材料运输费	项	1.0	600.0	600.0	从材料市场到施工现场楼下的运输费用
2	材料搬运费	项	1.0	800.0	800.0	材料市场搬运上车，从门口搬运入户
3	垃圾清运费	项	1.0	500.0	500.0	装饰施工建筑垃圾装袋，搬运到指定位置
	合计				1900.0	
十二、工程直接费					33583.8	上述项目之和
十三、设计费		m²	96.0	60.0	5760.0	现场测量、绘制施工图、绘制效果图、预算报价，按建筑面积计算
十四、工程管理费					3358.4	工程直接费×10%
十五、税金					1460.4	（工程直接费+设计费+工程管理费）×3.42%
十六、工程预算总价					44162.6	工程直接费+设计费+工程管理费+税金
十七、增加工程						
1	卧室1大衣柜	m²	3.6	720.0	2592.0	免漆板，含五金件、推拉门等
2	卧室3大衣柜	m²	3.2	720.0	2304.0	免漆板，含五金件、推拉门等
3	走道书柜	m²	2.5	720.0	1800.0	免漆板，含五金件、玻璃等
4	鞋柜	m²	1.8	700.0	1260.0	免漆板，含五金件等
5	电视背景墙	项	1.0	1800.0	1800.0	免漆板，客厅电视背景墙，含五金件、玻璃等
6	卧室3床	m²	3.2	600.0	1920.0	免漆板，卧室床，1.5m宽，含五金件与床头靠背
7	卫生间2防水处理	m²	6.2	85.0	527.0	聚氨酯防水涂料涂刷2遍，聚合物防水涂料涂刷2遍，防水剂涂刷2遍
8	客厅、餐厅、走道、卧室1、卧室3地面找平	m²	43.5	40.0	1740.0	1：2.5水泥砂浆找平地面，素水泥自流平砂浆整平，厚度30mm

（续）

序号	项目名称	单位	数量	单价 / 元	合计 / 元	材料工艺及说明
9	壁纸施工垫付	项	1.0	70.0	70.0	壁纸安装完成后垫付 70 元
10	衣柜图案重复打印	项	1.0	75.0	75.0	重复调整后打印、裱膜
	合计				14088.0	
十八、工程决算总价					58250.6	

注：此预算、决算不含物业管理与行政管理所产生的费用，物业管理与行政管理的费用不由甲方承担。施工中项目和数量如有增加或减少，则按实际施工项目和数量结算工程款。

7.3　114m² 混搭风格装修案例

　　这是一套建筑面积为 114m² 的三室两厅户型，为了获取更具创意性的装修效果，可选择混搭风格。将多种风格糅合进一个空间中，巧妙组合，搭配出与众不同的视觉效果，就是常见的混搭风格。混搭并不是简单地将各种风格的元素堆放在一起做加法，而是将它们有主有次地组合在一起。混搭得是否成功，关键看风格搭配是否和谐。本案例因当地习惯，房间面积包括墙体占地面积。

　　混搭的黄金比例是3：7，切忌装修元素多、杂、乱。一个空间内不管是多少种装修风格混搭，都只能以一种装修风格为主，应在局部或细节上加以其他装修风格的元素，以此来突显出空间与装饰的层次感（图 7-27 ~ 图 7-41、表 7-3）。

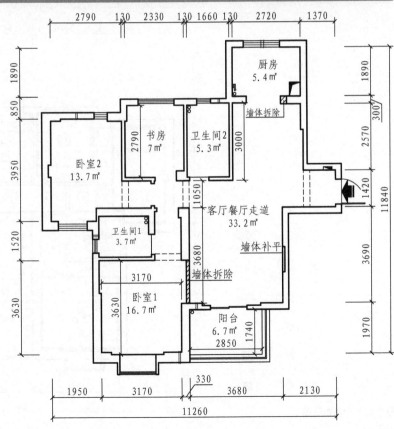

图 7-27　原始平面图

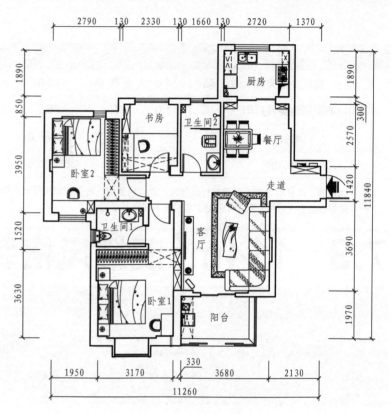

图 7-28 平面布置图

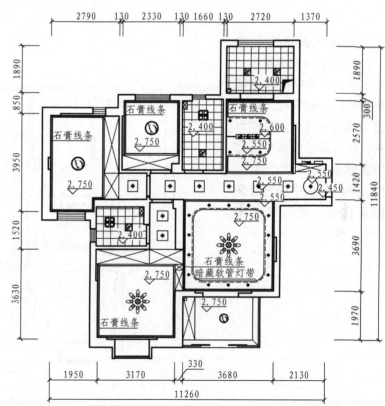

图例:

花形吊灯

筒　灯

餐厅吊灯

吸顶灯

浴　霸

吊顶格灯

图 7-29 顶棚布置图

图 7-30 客厅
↑客厅电视机背景墙采用非传统的混合手法,营造出多元的客厅氛围,替代了传统风格统一明确的特性。

图 7-31 走道
↑走道上空的吊顶删繁就简,以极度简洁造型的营造出富有层次感的空间效果。

图 7-32 入户玄关柜(一)
↑入户玄关柜采用生态板制作,下部为百叶开门,可以作为日常鞋柜。百叶开门的柜门不仅造型美观,而且透气性好,有利于鞋子的防潮。

图 7-33 入户玄关柜(二)
↑玄关柜的另一面为餐厅装饰柜,不仅有很好的装饰效果,还能作为家居生活中常用物件的存放点,增加居室的收纳空间。上部的玻璃柜门使柜体不再单调,同时更便于住户日常拿取物品。

图 7-34 厨房(一)
↑橱柜为古典风格,表面材质平滑,线条简单,实用与美观兼顾。

图 7-35 厨房(二)
↑厨房潮气重,所以放在柜子里的生活用品可能会受潮变质。在顶部设置一组吊柜,可以大大减少物品受潮的问题,但是,在设计时要根据住户的身高安排好吊柜的高度,方便住户日常拿取物品。

图 7-36　书房

↑将书房的床设置成地台式，集床与柜于一体，大大增加了居室的收纳空间。家中来客人时可用作客房，平时可将这里当作休憩之地。

图 7-37　卫生间

↑卫生间的地面与墙面铺贴马赛克瓷砖，以不同的色彩搭配来区分墙面与地面。马赛克铺装是地中海风格的代表之一，具有别致的创意，华丽感十足，具有显著的装饰效果。

图 7-38　主卧（一）

↑带有花朵图案的暖色调墙纸能营造舒适的空间氛围，是田园风格中常用的元素，体现出一种悠闲、舒畅、自然的田园生活情趣。

图 7-39　主卧（二）

↑卧室不需要太亮的灯光，但也不能太暗，太亮会引发焦虑感，太暗则会显得空间狭小。一般卧室常选用偏黄色的暖光，在保证卧室光线的同时，还能营造温馨、舒适的氛围。

图 7-40　次卧衣柜

↑次卧衣柜采用生态板制作，白色的推拉门搭配黑色花纹装饰，使衣柜不会显得单调乏味。衣柜侧面设置一面烤漆镀金边框挂镜，在满足使用功能的同时，也弥补了墙体与柜体之间的防裂落差。

图 7-41　户外

↑此户型位于底楼，因此多了一处户外空间。户外装修除了美观实用外，更要注重防水防晒。防腐木是家庭户外装修材料的首选，它不仅可以用于地面铺设，还能作为围栏、宠物房等的装修材料。

表 7-3 预算、决算、结算表

序号	项目名称	单位	数量	单价/元	合计/元	材料工艺及说明
	一、基础工程					
1	墙体拆除	m²	4.3	50.0	215.0	拆墙、渣土装袋
2	沙发背景墙修补平整	m²	2.4	90.0	216.0	轻质砖,水泥砂浆砌筑修补,防裂网覆盖,人工、辅料全包
3	门框、窗框找平修补	项	1.0	1000.0	1000.0	全房门套窗套基层修补、复原、改造、修饰,人工、辅料全包
4	地面基层处理	m²	113.0	32.0	3616.0	地面防潮、防尘、固化三合一界面剂滚涂 3 遍,墙面底部高300mm 范围内均滚涂,全包
5	卫生间回填	m²	9.0	55.0	495.0	轻质砖渣回填,水泥砂浆找平,深 320mm,全包
6	窗台、阳台护栏拆除	m	4.9	25.0	122.5	窗台阳台护栏拆除,水泥砂浆修补界面,全包
7	客厅推拉门拆除	m²	3.3	25.0	82.5	客厅推拉门拆除,水泥砂浆修补界面,全包
8	落水管包管套	根	5.0	155.0	775.0	成品水泥板包管套,用于卫生间1、卫生间 2、厨房,全包
9	施工耗材	项	1.0	1000.0	1000.0	电动工具损耗折旧,耗材更换,包括钻头、砂纸、打磨片、切割片、脚手架梯、墨线盒、操作台、编织袋、泥桶、水桶水箱、扫帚、铁锹、劳保用品等
	合计				7522.0	
	二、水电工程					
1	给水管铺设	m	82.0	35.0	2870.0	PPR 管给水管,墙面、地面开槽,安装、固定、封槽全包
2	排水管铺设	m	28.0	45.0	1260.0	PVC 排水管,墙面、地面开槽,安装、固定、封槽全包
3	强电铺设	m	276.0	25.0	6900.0	BVR 铜线,照明、插座线路2.5mm²,空调线路 4mm²,暗盒,红蓝双色穿线管,对现有电路进行改造,全包

（续）

序号	项目名称	单位	数量	单价/元	合计/元	材料工艺及说明
4	弱电铺设	m	18.0	25.0	450.0	电视线、网线，暗盒，全包
5	灯具安装	项	1.0	600.0	600.0	全房灯具安装，放线定位，固定配件，修补，全包
6	洁具安装	项	1.0	600.0	600.0	全房洁具安装，放线定位，固定配件，修补，全包
7	设备安装	项	1.0	500.0	500.0	全房五金件、辅助设备安装，放线定位，固定配件，修补，全包
	合计				13180.0	

三、客厅、餐厅、走道工程

序号	项目名称	单位	数量	单价/元	合计/元	材料工艺及说明
1	石膏板装饰吊顶	m²	23.9	115.0	2748.5	木龙骨木芯板基层框架，纸面石膏板覆面，装饰造型，全包
2	顶棚基层处理	m²	33.2	20.0	664.0	修补顶棚缝隙，修补抗裂带，石膏粉修补，成品腻子满刮2遍，360#砂纸打磨，全包
3	顶棚涂乳胶漆	m²	33.2	10.0	332.0	白色乳胶漆滚涂2遍，全包
4	墙面基层处理	m²	83.0	20.0	1660.0	修补墙面缝隙，修补抗裂带，石膏粉修补，成品腻子满刮2遍，360#砂纸打磨，全包
5	墙面涂乳胶漆	m²	83.0	10.0	830.0	无毒水性颜料现场调色，彩色乳胶漆滚涂2遍，全包
6	客厅电视背景墙造型	m²	9.4	280.0	2632.0	木龙骨木芯板基层框架，纸面石膏板覆面，装饰造型，含局部壁纸、饰面板、玻璃、聚酯漆等，全包
7	餐厅餐桌墙面上部搁板造型	m²	1.0	180.0	180.0	生态板制作，全包
8	餐厅餐桌墙面下部铺装抛光砖（600mm×600mm）	m²	3.3	80.0	264.0	瓷砖专用黏结剂铺贴，含填缝剂，不含抛光砖，半包
9	餐厅装饰柜（高2.2m厨房门两侧）	m²	2.5	700.0	1750.0	生态板制作，含液压铰链，下部百叶开门，全包
10	门厅鞋柜（高2.4m）	m²	3.0	700.0	2100.0	生态板制作，含液压铰链，下部百叶开门，全包

（续）

序号	项目名称	单位	数量	单价/元	合计/元	材料工艺及说明
11	瓷砖踢脚线	m	25.2	20.0	504.0	水泥砂浆铺贴，含填缝剂，不含踢脚线，半包
12	地面铺装仿古砖倾斜铺装（800mm×800mm）	m²	33.2	85.0	2822.0	水泥砂浆铺贴，含填缝剂，不含仿古砖，半包
	合计				16486.5	
四、厨房工程						
1	地面局部防水处理	m²	2.0	80.0	160.0	修补局部墙面、地面被开槽破坏处，聚氨酯防水涂料涂刷3遍，半包
2	墙面铺贴瓷砖（300mm×600mm）	m²	18.2	75.0	1365.0	水泥砂浆铺贴，含填缝剂，不含瓷砖与阳角线，半包
3	地面铺贴瓷砖（300mm×300mm）	m²	5.4	80.0	432.0	水泥砂浆铺贴，含填缝剂，不含瓷砖，半包
	合计				1957.0	
五、阳台工程						
1	顶棚涂乳胶漆	m²	6.7	10.0	67.0	白色乳胶漆滚涂2遍，全包
2	洗衣机上部储藏柜	m²	2.4	650.0	1560.0	生态板制作，含液压铰链，开门，全包
3	地面局部防水处理	m²	2.0	80.0	160.0	修补局部墙面、地面被开槽破坏处，聚氨酯防水涂料涂刷3遍，半包
4	地面铺贴瓷砖（300mm×300mm）	m²	6.7	80.0	536.0	水泥砂浆铺贴，含填缝剂，不含瓷砖，半包
	合计				2323.0	
六、卫生间1工程						
1	墙面、地面防水处理	m²	11.7	80.0	936.0	地面与局部墙面，淋浴区防水高度2m，洗面台区防水高度1.2m，其他区域防水高度0.3m，聚氨酯防水涂料涂刷2遍，K11聚合物防水涂料涂刷2遍，全包
2	墙面铺贴瓷砖（300mm×600mm）	m²	17.8	75.0	1335.0	水泥砂浆铺贴，含填缝剂，不含瓷砖与阳角线，半包

（续）

序号	项目名称	单位	数量	单价/元	合计/元	材料工艺及说明
3	地面铺贴瓷砖（300mm×300mm）	m²	3.7	80.0	296.0	水泥砂浆铺贴，含填缝剂，不含瓷砖，半包
	合计				2567.0	

七、卫生间2工程

序号	项目名称	单位	数量	单价/元	合计/元	材料工艺及说明
1	墙面、地面防水处理	m²	15.3	80.0	1224.0	地面与局部墙面，淋浴区防水高度2m，洗面台区防水高度1.2m，其他区域防水高度0.3m，聚氨酯防水涂料涂刷2遍，K11聚合物防水涂料2遍，全包
2	墙面铺贴瓷砖（300mm×600mm）	m²	22.8	75.0	1710.0	水泥砂浆铺贴，含填缝剂，不含瓷砖与阳角线，半包
3	地面铺贴瓷砖（300mm×300mm）	m²	5.3	80.0	424.0	水泥砂浆铺贴，含填缝剂，不含瓷砖，半包
	合计				3358.0	

八、书房工程

序号	项目名称	单位	数量	单价/元	合计/元	材料工艺及说明
1	顶棚基层处理	m²	7.0	20.0	140.0	修补顶棚缝隙，修补抗裂带，石膏粉修补，成品腻子满刮2遍，360#砂纸打磨，全包
2	顶棚涂乳胶漆	m²	7.0	10.0	70.0	白色乳胶漆滚涂2遍，全包
3	墙面基层处理	m²	17.5	20.0	350.0	修补墙面缝隙，修补抗裂带，石膏粉修补，成品腻子满刮2遍，360#砂纸打磨，全包
4	开门储藏吊柜（深600mm）	m²	1.5	650.0	975.0	生态板制作，含液压铰链，开门，全包
5	书柜（深330mm）	m²	2.0	650.0	1300.0	生态板制作，含液压铰链，开门，全包
6	书桌（深500mm）	m²	1.3	650.0	845.0	生态板制作，含液压铰链，含三节弹子抽屉滑轨，书桌含3个抽屉，全包
7	综合柜（深300mm）	m²	2.0	650.0	1300.0	生态板制作，含液压铰链，开门，全包

（续）

序号	项目名称	单位	数量	单价/元	合计/元	材料工艺及说明
8	榻榻米地台 （高450mm）	m²	3.0	750.0	2250.0	生态板制作，含三节弹子抽屉滑轨、底部3个抽屉，上部盖板可开启，内部可储物，靠柜子一端床头软包，全包
9	地面基础找平垫高	m²	7.0	40.0	280.0	水泥砂浆找平高度40mm，全包
	合计				7510.0	

九、卧室1工程

序号	项目名称	单位	数量	单价/元	合计/元	材料工艺及说明
1	石膏板装饰吊顶	m²	2.0	115.0	230.0	木龙骨木芯板基层框架，纸面石膏板覆面，装饰造型，全包
2	顶棚基层处理	m²	16.7	20.0	334.0	修补顶棚缝隙，修补抗裂带，石膏粉修补，成品腻子满刮2遍，360# 砂纸打磨，全包
3	顶棚涂乳胶漆	m²	16.7	10.0	167.0	白色乳胶漆滚涂2遍，全包
4	墙面基层处理	m²	41.8	20.0	836.0	修补墙面缝隙，修补抗裂带，石膏粉修补，成品腻子满刮2遍，360# 砂纸打磨，全包
5	上部开门衣柜 （深600mm）	m²	2.3	650.0	1495.0	生态板制作，含液压铰链，开门，全包
6	下部无门衣柜 （深600mm）	m²	4.6	600.0	2760.0	生态板制作，含三节弹子抽屉滑轨、3个抽屉，全包
7	入墙储藏柜 （深300mm）	m²	3.8	650.0	2470.0	生态板制作，含液压铰链，开门，背后纸面石膏板封平，全包
8	地面基础找平垫高	m²	16.7	40.0	668.0	水泥砂浆找平高度40mm，全包
	合计				8960.0	

十、卧室2工程

序号	项目名称	单位	数量	单价/元	合计/元	材料工艺及说明
1	石膏板装饰吊顶	m²	1.2	115.0	138.0	木龙骨木芯板基层框架，纸面石膏板覆面，装饰造型，全包
2	顶棚基层处理	m²	13.7	20.0	274.0	修补顶棚缝隙，修补抗裂带，石膏粉修补，成品腻子满刮2遍，360# 砂纸打磨，全包

（续）

序号	项目名称	单位	数量	单价/元	合计/元	材料工艺及说明
3	顶棚涂乳胶漆	m²	13.7	10.0	137.0	白色乳胶漆滚涂2遍，全包
4	墙面基层处理	m²	34.3	20.0	686.0	修补墙面缝隙，修补抗裂带，石膏粉修补，成品腻子满刮2遍，360#砂纸打磨，全包
5	上部开门衣柜（深600mm）	m²	2.2	650.0	1430.0	生态板制作，含液压铰链，开门，全包
6	下部无门衣柜（深600mm）	m²	4.9	600.0	2940.0	生态板制作，含三节弹子抽屉滑轨、3个抽屉，全包
7	床头凹槽搁板（深150mm）	m²	1.1	180.0	198.0	生态板制作，全包
8	书桌（深500mm）	m²	1.3	650.0	845.0	生态板制作，含液压铰链、三节弹子抽屉滑轨、4个抽屉，全包
9	书柜（深300mm）	m²	1.0	650.0	650.0	生态板制作，含液压铰链，全包
10	地面基础找平垫高	m²	13.7	40.0	548.0	水泥砂浆找平高度40mm，全包
	合计				7846.0	

十一、其他工程

序号	项目名称	单位	数量	单价/元	合计/元	材料工艺及说明
1	人力搬运费	项	1.0	600.0	600.0	从材料市场或仓库将材料搬运上车，到小区指定停车位搬运下车，搬运至施工现场，全包
2	汽车运输费	项	1.0	600.0	600.0	从材料市场或仓库将材料运输至小区指定停车位，全包
3	垃圾清运费	项	1.0	600.0	600.0	将装修产生的建筑垃圾装袋打包，清运至物业指定位置，全包
	合计				1800.0	
十二、工程直接费					73509.5	上述项目之和
十三、设计费		m²	114.0	60.0	6840.0	现场测量、绘制施工图、绘制效果图、预算报价，按建筑面积计算
十四、工程管理费					7351.0	工程直接费×10%
十五、税金					2999.4	（工程直接费+设计费+工程管理费）×3.42%

（续）

序号	项目名称	单位	数量	单价/元	合计/元	材料工艺及说明
十六、工程预算总价					90699.9	工程直接费＋设计费＋工程管理费＋税金
十七、主材与设备安装代购						
1	全房开关插座面板	项	1.0	900.0	900.0	品牌开关插座面板，强电弱电全套
2	空气开关	项	1.0	200.0	200.0	品牌空气开关
3	整体橱柜高柜	m²	2.3	600.0	1380.0	含高柜、低柜、台面，不含玻璃门、网架拉篮、气压撑杆等特殊配件，根据发票与安装配件收据结算，厂家负责售后
4	整体橱柜地柜（含台面）	m²	3.1	900.0	2790.0	含高柜、低柜、台面，不含玻璃门、网架拉篮、气压撑杆等特殊配件，根据发票与安装配件收据结算，厂家负责售后
5	厨房推拉门	m²	3.2	250.0	800.0	铝合金边框
6	厨房、卫生间1、卫生间2扣板吊顶	m²	14.4	105.0	1512.0	0.8mm 厚的扣板吊顶，含边角线条
7	厨房、卫生间1、卫生间2墙砖、地砖	m²	73.2	85.0	6222.0	含银色铝合金阳角线条，含运输，搬运上门
8	客厅、餐厅、走道地面仿古砖	m²	36.0	90.0	3240.0	800mm×800mm，米色、黑色仿古砖，含运输，搬运上门
9	客厅、餐厅、走道瓷砖踢脚线	m	25.2	22.0	554.4	黑色，含运输，搬运上门
10	阳台地砖	m²	6.7	75.0	502.5	仿石纹理，含运输，搬运上门
11	卧室1、卧室2、书房、阳台垂挂窗帘	m²	21.7	180.0	3906.0	单层遮光皱褶，带滑轨窗帘杆
12	卫生间1、卫生间2窗帘	m²	2.0	100.0	200.0	有风景图案的窗帘
13	卧室1、卧室2、书房纱窗	扇	4.0	150.0	600.0	隐形折叠纱窗

（续）

序号	项目名称	单位	数量	单价/元	合计/元	材料工艺及说明
14	全房防盗网	m²	26.0	150.0	3900.0	不锈钢防盗网
15	卧室1、卧室2、书房窗台石材	m	4.6	180.0	828.0	米色天然石材，含加工、磨边、上门安装
16	卫生间1、卫生间2铝合金套装门	套	2.0	600.0	1200.0	白色铝合金烤漆，含门锁、门吸、合页等五金件，上门安装
17	卫生间2淋浴区钢化玻璃推拉门	m²	4.0	280.0	1120.0	8mm无框钢化玻璃，带滑轨
18	卧室1、卧室2、书房成品房间实木套装门	套	3.0	1200.0	3600.0	白色实木烤漆，含门锁、门吸、合页等五金件，上门安装
19	入户大门、厨房推拉门、阳台门门套	m	16.4	150.0	2460.0	白色实木烤漆
20	客厅、餐厅、卧室1、卧室2、书房石膏线条	m	68.0	18.0	1224.0	白色直线花纹
21	卧室1、卧室2、衣柜推拉门	m²	9.5	255.0	2422.5	铝合金边框，中间带腰线装饰
22	阳台晾衣竿	套	1.0	550.0	550.0	品牌晾衣竿
23	阳台外檐伸缩雨阳棚	m²	6.0	180.0	1080.0	红黄白条纹，可折叠，展开深度2m
24	卧室1、卧室2、书房墙面壁纸	m²	106.1	65.0	6896.5	品牌壁纸
25	彩色铝合金型材封阳台	m²	12.0	280.0	3360.0	双层钢化玻璃5mm+8mm+5mm，物业指定灰色
26	卧室1、卧室2、书房铺复合木地板	m²	35.0	95.0	3325.0	12mm厚，含踢脚线，运输上门安装
27	全房灯具	项	1.0	4600.0	4600.0	客厅灯600元，餐厅灯500元，卧室1、卧室2、书房灯共600元，筒灯26只共800元，门厅顶灯1盏200元，扣板格灯4个共400元，浴霸2台共1000元，阳台吸顶灯1盏50元，配件50元，软管灯带400元

（续）

序号	项目名称	单位	数量	单价/元	合计/元	材料工艺及说明
28	全房洁具	项	1.0	7100.0	7100.0	坐便器1套800元，蹲便器1套200元，洗面台2套共3000元，淋浴花洒2套共1000元，阳台拖把池1个150元，给水软管10根共200元，混水阀3套共600元，洗菜水槽1套500元，三角阀8个共150元，水箱150元，水龙头2个共50元，总阀门3个共100元，地漏4个共100元，配件100元
29	燃气热水器	件	1.0	2800.0	2800.0	12L天然气直排，根据发票与安装配件收据结算，厂家负责售后
30	燃气灶抽油烟一体机	件	1.0	3500.0	3500.0	该产品品牌繁多，价格为参考价，根据发票与安装配件收据结算，厂家负责售后
31	挂机空调	件	3.0	1800.0	5400.0	1P（1P=735.5W）空调，根据发票与安装配件收据结算，厂家负责售后
32	天然气管道安装	项	1.0	1000.0	1000.0	物业强制指定安装，根据发票与安装配件收据结算，厂家或物业负责售后
	合计				79172.9	
十八、工程决算总价					169872.8	
十九、增补项目						
1	阳台地面改600mm×600mm仿古砖增补铺装	m²	6.7	5.0	33.5	水泥砂浆铺贴，填缝剂，不含仿古砖，半包
2	阳台地面改600mm×600mm仿古砖增补砖	m²	6.7	15.0	100.5	米色拼花，含运输，搬运上门
3	阳台墙面增600mm×600mm仿古砖增补铺装	m²	2.2	85.0	187.0	水泥砂浆铺贴，填缝剂，不含仿古砖，半包

（续）

序号	项目名称	单位	数量	单价/元	合计/元	材料工艺及说明
4	阳台墙面增600mm×600mm仿古砖增补砖	m²	2.2	90.0	198.0	米色拼花，含运输，搬运上门
5	阳台踢脚线增补铺装	m	5.5	20.0	110.0	水泥砂浆铺贴，含填缝剂，不含踢脚线，半包
6	阳台踢脚线增补砖	m	5.5	22.0	121.0	黑色，含运输，搬运上门
7	卫生间1、卫生间2铝合金门改成品门	套	2.0	600.0	1200.0	白色实木烤漆，含门锁、门吸、合页等五金件，上门安装
8	卫生间1、卫生间2成品门加装玻璃	套	2.0	200.0	400.0	加装磨砂玻璃，上门安装
9	餐厅装饰柜换位置增补面积	m²	2.0	700.0	1400.0	生态板制作，含液压铰链，上部玻璃开门，全包
10	客厅电视柜	m	2.4	600.0	1440.0	生态板制作，含滑轨、拉手、不锈钢立柱脚，全包
11	卧室1、卧室2、书房墙面壁纸	卷	24.0	100.0	2400.0	壁纸专用糯米胶，基膜，人工铺贴，半包
12	彩色铝合金型材封阳台重新制作	项	1.0	3000.0	3000.0	双层钢化玻璃5mm＋8mm＋5mm，物业指定褐色
13	卫生间1、卫生间2、厨房纱窗	件	3.0	150.0	450.0	隐形折叠纱窗
14	厨房、卫生间太空铝挂架	项	1.0	555.0	555.0	厨房挂钩2件共30元，筷子调味组合挂架1件95元，卫生间圆弧挂架1件80元，卫生间纸盒2件共70元，卫生间毛巾组合挂架2件共180元，卫生间单根挂架2件共100元
15	卫生间镜前灯	项	1.0	270.0	270.0	卫生间1三联装LED可变色镜前灯1件150元，卫生间2两联装LED可变色镜前灯1件120元
16	燃气、热水器安装管件费用	项	1.0	299.0	299.0	安装人员增补材料，管道改造与配件，收据发票据实结算

（续）

序号	项目名称	单位	数量	单价/元	合计/元	材料工艺及说明
17	燃气、热水器增补运输费	件	1.0	30.0	30.0	远程运输费
18	书房挂机空调安装管件费用	项	1.0	120.0	120.0	购买成品五金件
19	挂机空调增补运输费	件	3.0	30.0	90.0	远程运输费
20	墙角防撞护角	条	2.0	35.0	70.0	墙角防撞白色橡胶护角，含安装，全包
21	客厅空调管道钻孔	项	1.0	60.0	60.0	钢筋混凝土外墙钻孔，预埋穿直径50mm，PVC管转角，全包
22	客厅空调安装管件费用	项	1.0	230.0	230.0	安装人员增补材料，空调管道延长，收据发票据实结算
23	客厅空调管道石材装饰	m	0.5	300.0	150.0	室内局部边角石材装饰，全包
24	客厅、餐厅仿古墙砖、地砖美缝	m²	42.7	20.0	854.0	金色美缝剂处理，全包
25	卧室衣柜挂镜	件	1.0	180.0	180.0	墙体与柜体之间有防裂落差，增补一面挂镜，烤漆镀金边框，含安装，全包
26	庭院地面回填找平	m²	22.7	55.0	1248.5	轻质砖渣回填，水泥砂浆找平，深320mm，全包
27	庭院地面地砖	m²	12.7	90.0	1143.0	600mm×600mm仿古砖，含步石砖铺装，含运输，搬运上门，全包
28	庭院地面地砖铺装	m²	12.7	85.0	1079.5	水泥砂浆铺贴，含填缝剂，不含仿古砖，半包
29	庭院地面铺装防腐木地板	m²	11.9	260.0	3094.0	樟子松防腐木地板，基层龙骨，现场制作，含10%损耗，全包
30	庭院宠物房	m²	1.9	260.0	494.0	樟子松防腐木地板，现场制作，600mm×800mm×800mm，全包
31	庭院防腐木围栏	m²	2.8	260.0	728.0	樟子松防腐木地板制作，高400mm，按立面面积算，全包

（续）

序号	项目名称	单位	数量	单价/元	合计/元	材料工艺及说明
32	庭院防腐木涂刷专用地板漆	m²	16.6	55.0	913.0	樟子松专用地板漆，基层腻子找平，涂刷3遍，全包
33	井盖改造	件	1.0	120.0	120.0	拆除现有井盖上端，水泥砂浆与轻质砖加高井口，重新安装井盖，找平，全包
	合计				22768.0	

二十、减少项目

序号	项目名称	单位	数量	单价/元	合计/元	材料工艺及说明
1	卧室1、卧室2、书房墙面壁纸	m²	106.1	65.0	6896.5	品牌壁纸
2	主要灯具	项	1.0	1750.0	1750.0	客厅1件600元，餐厅1件500元，卧室1、卧室2、书房各1件共600元，阳台吸顶灯1件50元
3	洗面台	项	1.0	3475.0	3475.0	洗面台2套共3000元，混水阀2套共400元，三角阀4个共75元
4	燃气热水器与空调	项	1.0	1123.0	1123.0	实际共消费7077元，原预算中总价为8200元，减去差价
5	阳台吸顶灯	件	1.0	50.0	50.0	原来的吸顶灯维修好了，后来买的原价回收，暂定50元，以实际购买价格为准
	合计				13294.5	

二十一、工程结算总价   179346.3

注：此预算、决算不含物业管理与行政管理所产生的费用，物业管理与行政管理的费用不由甲方承担。施工中项目和数量如有增加或减少，则按实际施工项目和数量结算工程款。

7.4 92m² 极简风格装修案例

这是一套建筑面积为92m²的三室两厅户型，部分卧室面积较小，整体空间比较紧凑。这种情况家居配饰应以简约风为主，没有必要为了显得"阔绰"而购置体积较大的物品，应该先买生活必需的东西，而且所选家具应以不占面积、折叠、多功能等为主。装饰一定要从务实的角度出发，切忌盲目跟风而不考虑其他的因素。

　　极简并不是缺乏设计要素，它是一种更高层次的创作。在室内设计方面表现为，不放弃原有建筑空间的规矩和朴实，对建筑载体进行任意装饰。极简风格的特色是将设计的元素、颜色、照明、原材料简化到最少的程度，这种风格对色彩、材料的质感要求很高。因此，极简的空间设计通常非常含蓄，往往能达到以少胜多、以简胜繁的效果（图 7-42 ~ 图 7-50、表 7-4）。

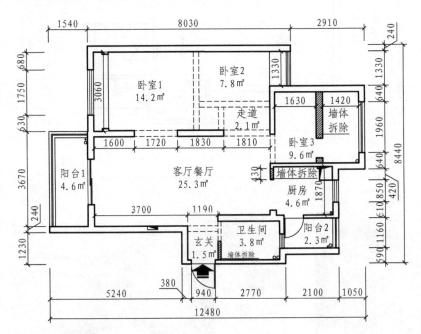

图 7-42　原始平面图

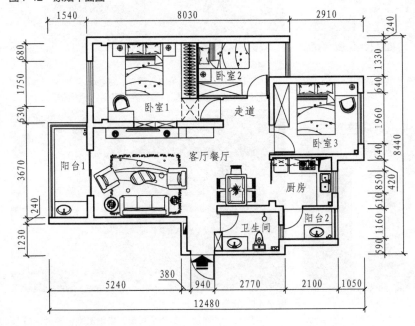

图 7-43　平面布置图

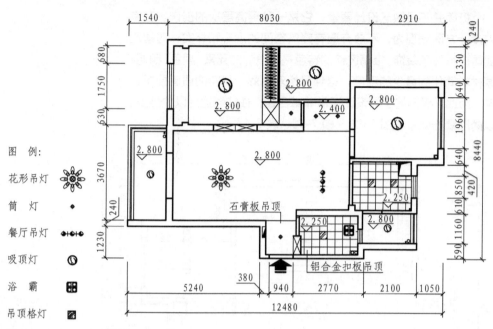

图例:

花形吊灯

筒灯

餐厅吊灯

吸顶灯

浴霸

吊顶格灯

石膏板吊顶

铝合金扣板吊顶

图7-44 顶棚布置图

图7-45 客厅

↑客厅装修简单大方,沙发背景墙搭配简单的搁板装饰,能使整个空间看上去更生动。

图7-46 客厅、餐厅

↑极简风格所应用的线条比较简单,装饰元素较少,装饰效果较好的软装和家具搭配,能使客厅和餐厅更具美感。

图7-47 餐厅

↑造型别致的吊灯发出柔和的光线,餐桌旁的照片墙与原木色的餐座椅相搭配,极具美感。

图7-48 厨房

↑厨房是L形的布局,整个空间看起来很宽敞,橱柜的颜色与餐厅的原木色餐桌座椅相呼应。

图 7-49 卧室

↑这间卧室虽简约到了极致，但能很好地体现出屋主的生活品位。无论是简约的床，还是简易的小桌子，都使用了贴近自然的材质来打造，造型简约，具有一定的实用性。

图 7-50 卫生间

↑仿砖瓷砖能使卫生间不那么沉闷，中间的深色腰线瓷砖将卫生间分为上、下两个部分，这种设计能有效增强卫生间的层次感，不会给人单调感。

表 7-4 预算、决算表

序号	项目名称	单位	数量	单价/元	合计/元	材料工艺及说明
一、基础工程						
1	墙体拆除	m²	10.9	60.0	654.0	卧室 3、厨房、卫生间拆墙，渣土装袋，人工、主材、辅料，全包
2	强电、弱电箱迁移	项	2.0	150.0	300.0	将现在位于客厅沙发背面的强电箱与弱电箱全部迁移到门厅墙面，人工、主材、辅料，全包
3	门框、窗框找平修补	项	1.0	600.0	600.0	修饰、改造、修补、复原全房门套、窗套基层，人工、主材、辅料，全包
4	卫生间回填	m²	3.8	70.0	266.0	轻质砖渣回填，水泥砂浆找平，深320mm，人工、主材、辅料，全包
5	窗台护栏拆除	m	4.4	35.0	154.0	拆除卧室 1、卧室 2 窗台护栏，水泥砂浆修补界面，人工、主材、辅料，全包
6	落水管包管套	根	4.0	160.0	640.0	成品水泥板包管套，用于卫生间与厨房，人工、主材、辅料，全包
7	施工耗材	项	1.0	1000.0	1000.0	电动工具损耗折旧，耗材更换，包括钻头、砂纸、打磨片、切割片、脚手架梯、墨线盒、操作台、编织袋、泥桶、水桶水箱、扫帚、铁锹、劳保用品等
	合计				3614.0	

（续）

序号	项目名称	单位	数量	单价/元	合计/元	材料工艺及说明
二、水电隐蔽工程						
1	给水管铺设	m	39.0	52.0	2028.0	PPR给水管，PVC排水管，墙面、地面开槽，安装、固定、封槽，人工、主材、辅料全包
2	排水管铺设	m	6.0	76.0	456.0	PVC排水管，墙面、地面开槽，安装、固定、封槽，人工、主材、辅料全包
3	强电铺设	m	265.0	30.0	7950.0	BVR铜线，照明、插座线路2.5mm^2，空调线路4mm^2，暗盒，穿线管，对现有电路进行改造，人工、主材、辅料全包
4	弱电铺设	m	22.0	45.0	990.0	电视线、网线，暗盒，人工、主材、辅料全包
5	灯具安装	项	1.0	600.0	600.0	全房灯具安装，放线定位，固定配件，修补，人工、主材、辅料全包
6	洁具安装	项	1.0	600.0	600.0	全房洁具安装，放线定位，固定配件，修补，人工、主材、辅料全包
7	设备安装	项	1.0	600.0	600.0	全房五金件、辅助设备安装，放线定位，固定配件，修补，人工、主材、辅料全包
	合计				13224.0	
三、客厅、餐厅、走道工程						
1	石膏板吊顶	m^2	3.0	130.0	390.0	木龙骨木芯板基层框架，纸面石膏板覆面，人工、主材、辅料全包
2	顶棚基层处理	m^2	28.9	22.0	635.8	修补顶棚缝隙，修补抗裂带，石膏粉修补，成品腻子满刮2遍，360#砂纸打磨，人工、主材、辅料全包
3	顶棚涂乳胶漆	m^2	28.9	10.0	289.0	白色乳胶漆滚涂2遍，人工、主材、辅料全包
4	墙面基层处理	m^2	70.8	22.0	1557.6	修补墙面缝隙，修补抗裂带，石膏粉修补，成品腻子满刮2遍，360#砂纸打磨，人工、主材、辅料全包

（续）

序号	项目名称	单位	数量	单价 / 元	合计 / 元	材料工艺及说明
5	墙面涂乳胶漆	m²	70.8	10.0	708.0	白色乳胶漆滚涂 2 遍，人工、主材、辅料全包
6	客厅电视背景墙封板	m²	14.6	130.0	1898.0	纸面石膏板覆面，装饰造型，含壁纸铺装等，人工、主材、辅料全包
7	客厅电视隔板台	m	4.8	220.0	1056.0	生态板制作，金属支架固定，人工、主材、辅料全包
8	客厅沙发后墙搁板	m	3.6	120.0	432.0	生态板制作，人工、主材、辅料全包
9	门厅鞋柜（高 2.4m）	m²	1.7	720.0	1224.0	生态板制作，背后铺贴瓷砖加固，含液压铰链、拉手、开门，人工、主材、辅料全包
10	入户大门单面包门套	m	5.0	135.0	675.0	成品门套，人工、主材、辅料全包
11	阳台大门单面包门套	m	5.9	135.0	796.5	成品门套，人工、主材、辅料全包
12	地面铺装复合木地板	m²	31.1	95.0	2954.5	厚 12mm 地板，含防潮垫踢脚线，人工、主材、辅料全包
	合计				12616.4	

四、厨房工程

1	铝合金扣板吊顶	m²	4.6	135.0	621.0	铝合金扣板吊顶，人工、主材、辅料全包
2	地面局部防水处理	m²	3.0	80.0	240.0	聚氨酯防水涂料涂刷 3 遍，K11 防水涂料涂刷 3 遍，防水剂 2 遍，人工、主材、辅料全包
3	墙面铺贴瓷砖（300mm×600mm）	m²	18.1	160.0	2896.0	水泥砂浆铺贴，含填缝剂、瓷砖与阳角线，人工、主材、辅料全包
4	地面铺贴瓷砖（300mm×300mm）	m²	4.6	160.0	736.0	水泥砂浆铺贴，含填缝剂、瓷砖与阳角线，人工、主材、辅料全包
5	厨房上部开门橱柜（深 300mm）	m²	1.3	560.0	728.0	生态板制作，含液压铰链，开门，人工、主材、辅料全包

（续）

序号	项目名称	单位	数量	单价/元	合计/元	材料工艺及说明
6	厨房下部开门橱柜（深550mm）	m²	2.0	660.0	1320.0	生态板制作，含液压铰链，开门，人工、主材、辅料全包
7	推拉门单面包门套	m	5.8	135.0	783.0	成品门套，人工、主材、辅料全包
8	厨房推拉门	m²	3.2	320.0	1024.0	铝合金边框，镶嵌玻璃，人工、主材、辅料全包
9	橱柜台面铺装人造石	m	2.5	280.0	700.0	白色石英砂人造石，人工、主材、辅料全包
	合计				9048.0	

五、阳台1工程

序号	项目名称	单位	数量	单价/元	合计/元	材料工艺及说明
1	顶棚涂乳胶漆	m²	4.6	10.0	46.0	白色乳胶漆滚涂2遍，人工、主材、辅料全包
2	地面局部防水处理	m²	2.0	80.0	160.0	聚氨酯防水涂料涂刷3遍，K11防水涂料涂刷3遍，防水剂2遍，人工、主材、辅料全包
3	地面铺贴瓷砖（300mm×300mm）	m²	4.6	160.0	736.0	水泥砂浆铺贴，含填缝剂、瓷砖与阳角线，人工、主材、辅料全包
	合计				942.0	

六、阳台2工程

序号	项目名称	单位	数量	单价/元	合计/元	材料工艺及说明
1	顶棚涂乳胶漆	m²	2.3	10.0	23.0	白色乳胶漆滚涂2遍，人工、主材、辅料全包
2	地面局部防水处理	m²	2.0	80.0	160.0	聚氨酯防水涂料涂刷3遍，K11防水涂料涂刷3遍，防水剂2遍，人工、主材、辅料全包
3	地面铺贴瓷砖（300mm×300mm）	m²	2.3	160.0	368.0	水泥砂浆铺贴，含填缝剂、瓷砖与阳角线，人工、主材、辅料全包
	合计				551.0	

七、卫生间工程

序号	项目名称	单位	数量	单价/元	合计/元	材料工艺及说明
1	铝合金扣板吊顶	m²	3.8	135.0	513.0	铝合金扣板吊顶，人工、主材、辅料全包

（续）

序号	项目名称	单位	数量	单价 / 元	合计 / 元	材料工艺及说明
2	墙面、地面防水处理	m²	13.6	80.0	1088.0	地面与局部墙面，淋浴区防水高度 2m，洗面台区防水高度 1.2m，其他区域防水高度 0.3m，聚氨酯防水涂料涂刷 2 遍，K11 防水涂料涂刷 3 遍，防水剂 2 遍，人工、主材、辅料全包
3	墙面铺贴瓷砖（300mm×600mm）	m²	18.9	160.0	3024.0	水泥砂浆铺贴，含填缝剂、瓷砖与阳角线，人工、主材、辅料，全包
4	地面铺贴瓷砖（300mm×300mm）	m²	3.8	160.0	608.0	水泥砂浆铺贴，含填缝剂、瓷砖与阳角线，人工、主材、辅料，全包
5	卫生间铝合金门	套	1.0	450.0	450.0	成品门，铝合金边框，中间镶嵌玻璃，人工、主材、辅料全包
	合计				5683.0	

八、卧室 1 工程

序号	项目名称	单位	数量	单价 / 元	合计 / 元	材料工艺及说明
1	石膏板吊顶	m²	1.0	130.0	130.0	木龙骨木芯板基层框架，纸面石膏板覆面，装饰造型，人工、主材、辅料，全包
2	顶棚基层处理	m²	14.2	22.0	312.4	修补顶棚缝隙，修补抗裂带，石膏粉修补，成品腻子满刮 2 遍，360# 砂纸打磨，人工、主材、辅料全包
3	顶棚涂乳胶漆	m²	14.2	10.0	142.0	白色乳胶漆，滚涂 2 遍，人工、主材、辅料全包
4	墙面基层处理	m²	35.5	22.0	781.0	修补墙面缝隙，修补抗裂带，石膏粉修补，成品腻子满刮 2 遍，360# 砂纸打磨，人工、主材、辅料全包
5	墙面涂乳胶漆	m²	35.5	10.0	355.0	白色乳胶漆滚涂 2 遍，人工、主材、辅料全包
6	上部开门衣柜（深 600mm）	m²	2.2	660.0	1452.0	生态板制作，含液压铰链、拉手、开门，人工、主材、辅料全包
7	下部无门衣柜（深 600mm）	m²	4.6	580.0	2668.0	生态板制作，含三节弹子抽屉滑轨、3 个抽屉，挂铝合金衣杆人工、主材、辅料全包

（续）

序号	项目名称	单位	数量	单价/元	合计/元	材料工艺及说明
8	下部衣柜推拉门	m²	4.6	320.0	1472.0	铝合金边框，中间带腰线装饰，人工、主材、辅料全包
9	柜后封板隔音墙	m²	6.8	65.0	442.0	隔音棉铺装，石膏板封平，防裂带修补，人工、主材、辅料全包
10	入墙储藏柜（深240mm）	m²	4.1	500.0	2050.0	生态板制作，无门，背后纸面石膏板封平，全包
11	外挑窗台铺装人造石	m	3.1	280.0	868.0	白色石英砂人造石，人工、主材、辅料全包
12	成品套装门	套	1.0	1200.0	1200.0	成品门，人工、主材、辅料全包
13	地面铺装复合木地板	m²	15.6	95.0	1482.0	厚12mm的地板，含防潮垫踢脚线，人工、主材、辅料全包
	合计				13354.4	

九、卧室2工程

序号	项目名称	单位	数量	单价/元	合计/元	材料工艺及说明
1	顶棚基层处理	m²	7.8	22.0	171.6	修补顶棚缝隙，修补抗裂带，石膏粉修补，成品腻子满刮2遍，360#砂纸打磨，人工、主材、辅料全包
2	顶棚涂乳胶漆（白色）	m²	7.8	10.0	78.0	白色乳胶漆滚涂2遍，人工、主材、辅料全包
3	墙面基层处理	m²	19.5	22.0	429.0	修补墙面缝隙，修补抗裂带，石膏粉修补，成品腻子满刮2遍，360#砂纸打磨，人工、主材、辅料全包
4	墙面涂乳胶漆	m²	19.5	10.0	195.0	白色乳胶漆滚涂2遍，人工、主材、辅料全包
5	轻钢龙骨石膏板隔音墙	m²	6.6	140.0	924.0	75mm轻钢龙骨基层，隔音棉铺装，石膏板封平，防裂带修补，人工、主材、辅料全包
6	外挑窗台铺装人造石	m	1.4	280.0	392.0	白色石英砂人造石，人工、主材、辅料全包
7	成品套装门	套	1.0	1200.0	1200.0	成品门，人工、主材、辅料全包
8	地面铺装复合木地板	m²	8.6	95.0	817.0	厚12mm的地板，含防潮垫踢脚线，人工、主材、辅料全包
	合计				4206.6	

（续）

序号	项目名称	单位	数量	单价/元	合计/元	材料工艺及说明
十、卧室 3 工程						
1	顶棚基层处理	m²	9.6	22.0	211.2	修补顶棚缝隙，修补抗裂带，石膏粉修补，成品腻子满刮 2 遍，360 # 砂纸打磨，人工、主材、辅料全包
2	顶棚涂乳胶漆	m²	9.6	10.0	96.0	白色乳胶漆滚涂 2 遍，人工、主材、辅料全包
3	墙面基层处理	m²	24.0	22.0	528.0	修补墙面缝隙，修补抗裂带，石膏粉修补，成品腻子满刮 2 遍，360 # 砂纸打磨，人工、主材、辅料全包
4	墙面涂乳胶漆	m²	24.0	10.0	240.0	白色乳胶漆滚涂 2 遍，人工、主材、辅料全包
5	彩色铝合金型材封窗户	m²	4.5	320.0	1440.0	双层钢化玻璃 5mm + 8mm + 5mm，物业指定灰色
6	轻钢龙骨石膏板隔音墙	m²	2.0	140.0	280.0	75mm 轻钢龙骨基层，隔音棉铺装，石膏板封平，防裂带修补，人工、主材、辅料全包
7	窗台铺装人造石	m	2.1	280.0	588.0	白色石英砂人造石，人工、主材、辅料全包
8	成品套装门	套	1.0	1200.0	1200.0	成品门，人工、主材、辅料全包
9	地面铺装复合木地板	m²	10.6	95.0	1007.0	厚 12mm 的地板，含防潮垫踢脚线，人工、主材、辅料全包
	合计				5590.2	
十一、其他工程						
1	人力搬运费	项	1.0	600.0	600.0	从材料市场或仓库将材料搬运上车，到小区指定停车位搬运下车，搬运至施工现场
2	汽车运输费	项	1.0	600.0	600.0	从材料市场或仓库将材料运输至小区指定停车位
3	垃圾清运费	项	1.0	600.0	600.0	将装修产生的建筑垃圾装袋打包，清运至物业指定位置

（续）

序号	项目名称	单位	数量	单价/元	合计/元	材料工艺及说明
4	开荒保洁费	m²	1.0	500.0	500.0	全房开荒保洁，家具、门窗、卫生间、墙面、地面，全包
	合计				2300.0	
十二、工程直接费					71129.6	上述项目之和
十三、设计费		m²	92.0	60.0	5520.0	现场测量、绘制施工图、绘制效果图、预算报价，按建筑面积计算
十四、工程管理费					7113.0	工程直接费×10%
十五、税金					2864.7	（工程直接费+设计费+工程管理费）×3.42%
十六、工程预算总价					86627.2	工程直接费+设计费+工程管理费+税金
十七、减少项目						
1	强电弱电箱迁移	项	2.0	150.0	300.0	由于墙面是承重墙，现不能迁移
2	部分灯具自购	项	1.0	1100.0	1100.0	餐厅灯具500元/件，卧室1、卧室2、卧室3灯具共600元
	合计				1400.0	
十八、增加项目						
1	阳台1、阳台2铺装墙面砖	m²	33.6	160.0	5376.0	水泥砂浆铺贴，含填缝剂、瓷砖与阳角线，人工、主材、辅料全包
2	阳台1、阳台2立柱台盆与龙头	套	2.0	350.0	700.0	立柱台盆、龙头、三角阀、软管，人工、主材、辅料全包
3	阳台1拖把池与龙头	套	1.0	150.0	150.0	拖把池、龙头，人工、主材、辅料全包
4	阳台1排水管	m	4.5	76.0	342.0	PVC排水管、墙面、地面开槽，安装固定、封槽，人工、主材、辅料全包
5	阳台2通气管	m	3.0	76.0	228.0	PVC排水管、墙面、顶棚开槽，安装固定、封槽，人工、主材、辅料全包
6	阳台2搁板	m	2.3	120.0	276.0	生态板制作，人工、主材、辅料全包
7	厨房、卫生间、阳台铝合金挂架挂件	套	1.0	500.0	500.0	各类太空铝挂架挂件，人工、主材、辅料全包

（续）

序号	项目名称	单位	数量	单价 / 元	合计 / 元	材料工艺及说明
8	南北两个阳台封闭铝合金窗	m²	10.4	320.0	3328.0	双层钢化玻璃 5mm + 9mm + 5mm，物业指定褐色
9	阳台玻璃开孔	个	2.0	50.0	100.0	玻璃专业开孔
10	卧室 1、卧室 2、厨房纱窗	套	3.0	150.0	450.0	铝合金纱窗，物业指定白色
11	卧室 1 开门窗台柜	m²	1.0	660.0	660.0	生态板制作，含液压铰链、拉手，开门，人工、主材、辅料全包
12	卧室 1 窗台搁板	m²	1.8	120.0	216.0	生态板制作，人工、主材、辅料全包
13	卧室 2 无门窗台柜	m²	0.4	580.0	232.0	生态板制作，人工、主材、辅料全包
14	卧室 3 开门上衣柜	m²	2.1	660.0	1386.0	生态板制作，含液压铰链、拉手，开门，人工、主材、辅料全包
15	卧室 3 无门下衣柜	m²	3.6	580.0	2088.0	生态板制作，含三节弹子抽屉滑轨、3 个抽屉、铝合金挂衣杆、人工、主材、辅料全包
16	卧室 3 衣柜推拉门	m²	3.6	320.0	1152.0	铝合金边框，中间带腰线装饰，人工、主材、辅料全包
17	阳台 1 开门储藏柜	m²	1.4	660.0	924.0	生态板制作，含液压铰链、拉手、开门，人工、主材、辅料全包
18	客厅灯补差价	件	1.0	283.0	283.0	原预算价为 500 元，现价 783 元，补差价 283 元
19	餐厅灯泡 1 个	个	1.0	30.0	30.0	原灯具无灯泡，另购 LED 灯泡
20	卫生间窗户玻璃喷漆	件	1.0	20.0	20.0	透光不透形磨砂玻璃喷漆
	合计				18441.0	
十九、工程决算总价					103668.2	

注：此预算、决算不含物业管理与行政管理所产生的费用，物业管理与行政管理的费用不由甲方承担。施工中项目和数量如有增加或减少，则按实际施工项目和数量结算工程款。

7.5 126m² 简欧风格装修案例

> 这是一套建筑面积为 126m² 的四室两厅户型，功能空间比较齐全，老人房、儿童房、书房均有设计，适合一家五口人或六口人居住，为了避免使空间显得局促，可以选择简欧风格。

传统欧式风格装饰精美、华丽，色彩浓重，将其进行精简后，就是我们常说的简欧风格。简欧风格会更考虑实用性与多元化，它摒弃了复杂的装饰线条和过于华丽的装饰图案，取而代之的是简洁的线条感与简单的装饰，但在设计中依旧保留了欧式风格的精髓。

简欧风格强调线形的变化，它将室内雕刻工艺集中在装饰和陈设艺术上，色彩华丽且用暖色调加以协调，变形的直线与曲线相互作用，加上猫脚家具与装饰工艺的综合运用，共同构成了室内空间华美厚重的气质。

此外，简欧风格常用大理石、华丽多彩的织物、精美的地毯等物件，使室内空间更具豪华感。（图 7-51～图 7-63、表 7-5）。

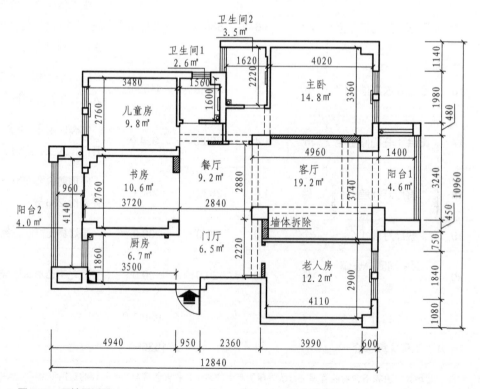

图 7-51 原始平面图

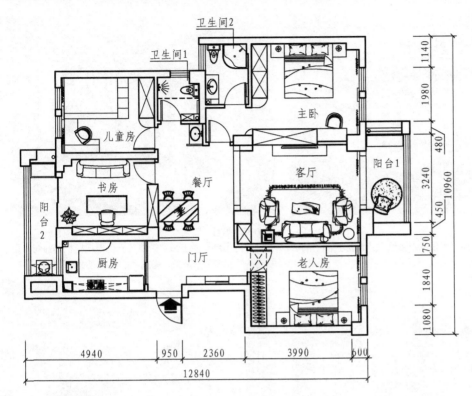

图 7-52 平面布置图

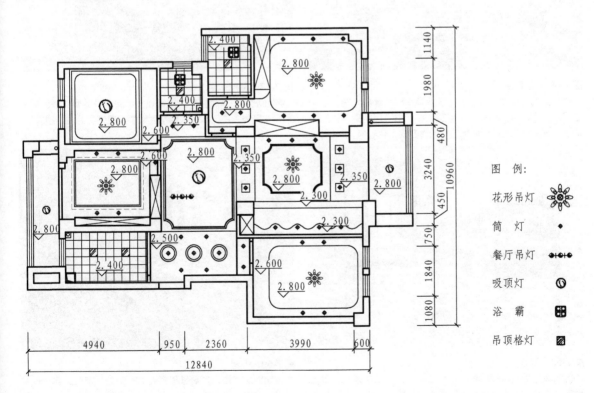

图 7-53 顶棚布置图

图 例：

花形吊灯

筒 灯

餐厅吊灯

吸顶灯

浴 霸

吊顶格灯

图 7-54 客厅（一）
↑客厅的吊顶部分运用了大量的石膏线条来装饰空间，简洁的线条能营造出浪漫、休闲、大气的氛围。

图 7-55 客厅（二）
↑精美的吊灯与做工精致的雕花造型电视柜相得益彰，加上拱形的背景墙装饰造型，构成了最直观的简欧风格。

图 7-56 餐厅（一）
↑拱和券的出现让世界认识到了罗马精湛的雕刻技艺，它们也成了西方建筑文明的又一标志。餐厅与客厅间采用拱门的造型，在进行分区的同时能使空间得到最大化利用。

图 7-57 餐厅（二）
↑隔断墙在简欧风格中运用得较多，餐厅中的雕花隔断用来分隔餐厅与入户门厅，这也是居室中一道亮丽的风景线。

图 7-58 厨房
↑简欧风格的装修多以象牙白为主色调，以浅色为主，深色为辅，与欧式风格相比，简欧风格更为清新、大气，更贴近自然，也更符合现代人的审美观念。

图 7-59 书房
↑在简欧风格中，家具是很重要的一部分，家具的色彩选择也相当重要。书房中白色的书柜与书桌给人优雅的感觉，这种色彩也能很好地突显出简欧风格高贵、典雅的特点。

图 7-60 主卧（一）

↑主卧中的床头背景墙主要是由蓝色壁纸和装饰画构成，造型别致的装饰画，加上顶部的铁艺枝灯，能为卧室营造一种欧式浪漫的氛围。

图 7-61 主卧（二）

↑简欧风格的家具在设计中一方面保留了材质、色彩的大致风格，从这些材质和色彩中可以很强烈地感受到传统的历史痕迹与浑厚的文化底蕴，另一方面设计又摒弃了过于复杂的肌理与装饰，简化了线条，整体的简洁感更强。

图 7-62 老人房

↑蓝色能给人高贵典雅的印象，老人房中运用不同深浅的蓝色，可以展现出欧式风格的尊贵气质，属于空间汇总的画龙点睛之作。

图 7-63 儿童房

↑儿童房的设计用色鲜艳，色彩丰富，符合儿童天真烂漫的个性需求，且一体式的高低床也满足了二胎时代中国家庭的真实需求。

表 7-5 预算、决算表

序号	项目名称	单位	数量	单价 / 元	合计 / 元	材料工艺及说明
一、基础工程						
1	墙体拆除	m²	17.3	40.0	692.0	主卧、厨房、卫生间、书房、老人房拆墙，渣土装袋，清运出场，人工、主材、辅料全包
2	阳台墙面石材拆除	m²	16.8	25.0	420.0	阳台、客厅局部墙面花岗岩拆除，清运出场，人工、主材、辅料全包
3	强电箱迁移	项	1.0	150.0	150.0	将现在处于老人房的强电箱迁移到餐厅墙面，人工、主材、辅料全包

（续）

序号	项目名称	单位	数量	单价/元	合计/元	材料工艺及说明
4	门框、窗框、墙体边角找平修补	项	1.0	600.0	600.0	全房门套、窗套基层修饰、改造、修补、复原，人工、主材、辅料全包
5	卫生间回填改造	m²	5.9	60.0	354.0	对现有回填地面局部改造，轻质砖渣回填，水泥砂浆找平，深320mm，人工、主材、辅料全包
6	地面固化处理	m²	120.0	5.0	600.0	地面滚涂固化剂与801胶水防潮，人工、主材、辅料全包
7	落水管包管套	根	7.0	130.0	910.0	成品水泥板包管套，用于卫生间、厨房、阳台等处的落水管，人工、主材、辅料全包
8	墙面开孔	个	5.0	100.0	500.0	空调孔2个，直径63mm；卫生间排风孔2个，直径75mm；燃气孔1个，40mm
9	施工耗材	项	1.0	1000.0	1000.0	电动工具损耗折旧，耗材更换，包括钻头、砂纸、打磨片、切割片、脚手架梯、墨线盒、操作台、编织袋、泥桶、水桶水箱、扫帚、铁锹、劳保用品等，人工、主材、辅料
	合计				5226.0	

二、水电气隐蔽工程

序号	项目名称	单位	数量	单价/元	合计/元	材料工艺及说明
1	给水管铺设	m	45.0	50.0	2250.0	PPR管给水管，墙面、地面开槽，安装、固定、封槽，人工、主材、辅料全包
2	排水管铺设	m	3.0	70.0	210.0	PVC排水管，墙面、地面开槽，安装、固定、封槽，人工、主材、辅料全包
3	强电铺设	m	375.0	22.0	8250.0	BVR铜线，照明、插座线路2.5mm²，空调线路4mm²，暗盒、穿线管，对现有电路进行改造，人工、主材、辅料全包
4	弱电铺设	m	18.0	25.0	450.0	电视线、网线，暗盒，人工、主材、辅料全包

（续）

序号	项目名称	单位	数量	单价/元	合计/元	材料工艺及说明
5	灯具安装	项	1.0	600.0	600.0	全房灯具安装，放线定位，固定配件，修补，人工、主材、辅料全包
6	洁具安装	项	1.0	600.0	600.0	全房洁具安装，放线定位，固定配件，修补，人工、主材、辅料全包
7	设备安装	项	1.0	600.0	600.0	全房五金件、辅助设备安装，放线定位，固定配件，修补，人工、主材、辅料全包
8	水暖改造	项	1.0	600.0	600.0	暖气片安装，水暖水路改造，人工、主材、辅料全包
9	燃气改造	项	1.0	500.0	500.0	燃气表改造，迁移位置，人工、主材、辅料全包
10	全房开关插座面板与空气开关安装	项	1.0	2000.0	2000.0	开关插座面板，强电弱电全套，空气开关
	合计				16060.0	

三、门厅、客厅、餐厅、走道工程

序号	项目名称	单位	数量	单价/元	合计/元	材料工艺及说明
1	石膏板吊顶	m²	16.4	120.0	1968.0	木龙骨木芯板基层框架，纸面石膏板覆面，人工、主材、辅料全包
2	顶棚基层处理	m²	20.5	15.0	307.5	修补顶棚缝隙，修补抗裂带，石膏粉修补，成品腻子满刮2遍，360#砂纸打磨，人工、主材、辅料全包
3	顶棚涂乳胶漆	m²	20.5	5.0	102.5	白色乳胶漆滚涂2遍，人工、主材、辅料全包
4	墙面基层处理	m²	58.6	15.0	879.0	修补墙面缝隙，修补抗裂带，石膏粉修补，成品腻子满刮2遍，360#砂纸打磨，人工、主材、辅料全包
5	墙面涂乳胶漆	m²	58.6	5.0	293.0	白色乳胶漆滚涂2遍，人工、主材、辅料全包
6	客厅电视背景墙封板	m²	12.2	85.0	1037.0	纸面石膏板覆面，装饰造型，含壁纸铺装等，人工、主材、辅料全包

（续）

序号	项目名称	单位	数量	单价／元	合计／元	材料工艺及说明
7	客厅电视背景墙造型与沙发背景墙造型	m²	19.6	120.0	2352.0	生态板制作，金属支架固定，人工、主材、辅料全包
8	墙裙造型与腰线	m²	32.4	80.0	2592.0	生态板制作，人工、主材、辅料全包
9	客厅与餐厅拱形门洞，客厅与阳台1方形门洞	m²	12.0	180.0	2160.0	生态板制作，人工、主材、辅料全包
10	客厅沙发旁储物柜	m²	1.9	650.0	1235.0	生态板制作，人工、主材、辅料全包
11	餐厅装饰酒柜	m²	3.8	650.0	2470.0	生态板制作，人工、主材、辅料全包
12	门厅玄关隔断	m²	4.2	280.0	1176.0	生态板制作，纤维板雕刻喷漆成品加工，人工、主材、辅料全包
13	门厅鞋柜（高2.4m）	m²	5.5	650.0	3575.0	生态板制作，人工、主材、辅料全包
14	入户大门单面包门套	m	5.0	80.0	400.0	成品门套，人工、主材、辅料全包
15	深色门槛	m	5.0	80.0	400.0	入户大门门槛，客厅拱形门洞下门槛，人工、主材、辅料全包
16	地面铺装地砖	m²	37.5	130.0	4875.0	600mm×600mm仿古装饰拼花地砖，水泥砂浆铺装，人工、主材、辅料全包
	合计				25822.0	

四、厨房工程

1	铝合金扣板吊顶	m²	5.9	80.0	472.0	铝合金扣板吊顶，人工、主材、辅料全包
2	地面局部防水处理	m²	2.0	60.0	120.0	防水涂料涂刷3遍，包括与书房门厅相邻的墙面，人工、主材、辅料全包
3	墙面铺贴瓷砖（300mm×600mm）	m²	26.9	130.0	3497.0	水泥砂浆铺贴，含填缝剂、瓷砖与阳角线，人工、主材、辅料全包

（续）

序号	项目名称	单位	数量	单价/元	合计/元	材料工艺及说明
4	地面铺贴瓷砖（300mm×300mm）	m²	5.9	130.0	767.0	水泥砂浆铺贴，含填缝剂、瓷砖与阳角线，人工、主材、辅料全包
5	厨房上部开门橱柜（深300mm）	m²	2.2	550.0	1210.0	生态板制作，人工、主材、辅料全包
6	厨房下部开门橱柜（深550mm）	m²	3.8	650.0	2470.0	生态板制作，人工、主材、辅料全包
7	推拉门单面包门套	m	5.8	80.0	464.0	成品门套，人工、主材、辅料全包
8	厨房推拉门	m²	3.2	320.0	1024.0	铝合金边框，镶嵌玻璃，人工、主材、辅料全包
9	橱柜台面铺装人造石	m	4.8	200.0	960.0	白色石英砂人造石，人工、主材、辅料全包
	合计				10984.0	

五、阳台 1 工程

序号	项目名称	单位	数量	单价/元	合计/元	材料工艺及说明
1	顶棚涂乳胶漆	m²	4.6	5.0	23.0	白色乳胶漆滚涂2遍，人工、主材、辅料全包
2	墙面铺贴瓷砖（300mm×300mm）	m²	4.2	130.0	546.0	水泥砂浆铺贴，含填缝剂、瓷砖与阳角线，人工、主材、辅料全包
3	地面铺装防腐木	m2	4.6	150.0	690.0	厚22mm的防腐木，人工、主材、辅料全包
	合计				1259.0	

六、阳台 2 工程

序号	项目名称	单位	数量	单价/元	合计/元	材料工艺及说明
1	顶棚涂乳胶漆	m²	4.2	5.0	21.0	白色乳胶漆滚涂2遍，人工、主材、辅料全包
2	推拉门单面包门套	m²	6.0	80.0	480.0	成品门套，人工、主材、辅料全包
3	阳台推拉门	m²	3.7	320.0	1184.0	铝合金边框，镶嵌玻璃，人工、主材、辅料全包
4	墙面、地面铺贴瓷砖（300mm×300mm）	m²	20.0	130.0	2600.0	水泥砂浆铺贴，含填缝剂、瓷砖与阳角线，人工、主材、辅料全包
	合计				4285.0	

（续）

序号	项目名称	单位	数量	单价/元	合计/元	材料工艺及说明
七、卫生间 1 工程						
1	铝合金扣板吊顶	m²	2.6	130.0	338.0	铝合金扣板吊顶，人工、主材、辅料全包
2	墙面、地面防水处理	m²	10.6	80.0	848.0	地面与局部墙面，淋浴区防水高度2m，洗面台区防水高度1.2m，其他区域防水高度0.3m，防水涂料涂刷3遍，人工、主材、辅料全包
3	墙面、地面铺贴瓷砖（300mm×300mm）	m²	20.2	160.0	3232.0	水泥砂浆铺贴，含填缝剂，瓷砖与阳角线，人工、主材、辅料全包
4	卫生间与餐厅间雕花隔断	m²	2.5	280.0	700.0	生态板制作，纤维板雕刻喷漆成品加工，人工、主材、辅料全包
5	深色门槛石	m	1.0	150.0	150.0	卫生间门槛石，人工、主材、辅料全包
6	卫生间铝合金门	套	1.0	400.0	400.0	成品门，铝合金边框，中间镶嵌玻璃，人工、主材、辅料全包
	合计				5668.0	
八、卫生间 2 工程						
1	铝合金扣板吊顶	m²	3.8	130.0	494.0	铝合金扣板吊顶，人工、主材、辅料全包
2	墙面、地面防水处理	m²	9.4	80.0	752.0	地面与局部墙面，淋浴区防水高度2m，洗面台区防水高度1.2m，其他区域防水高度0.3m，防水涂料涂刷3遍，人工、主材、辅料全包
3	墙面、地面铺贴瓷砖（300mm×300mm）	m²	18.4	160.0	2944.0	水泥砂浆铺贴，含填缝剂、瓷砖与阳角线，人工、主材、辅料全包
4	深色门槛石	m	1.0	150.0	150.0	卫生间门槛石，人工、主材、辅料全包
5	单面包门套	m	5.0	80.0	400.0	成品门套，人工、主材、辅料全包
6	卫生间铝合金门	套	1.0	400.0	400.0	成品门，铝合金边框，中间镶嵌玻璃，人工、主材、辅料全包
	合计				5140.0	

（续）

序号	项目名称	单位	数量	单价/元	合计/元	材料工艺及说明
九、主卧工程						
1	石膏板吊顶	m²	6.2	100.0	620.0	木龙骨木芯板基层框架，纸面石膏板覆面，装饰造型，人工、主材、辅料全包
2	顶棚基层处理	m²	17.4	15.0	261.0	修补顶棚缝隙，修补抗裂带，石膏粉修补，成品腻子满刮2遍，360#砂纸打磨，人工、主材、辅料全包
3	顶棚涂乳胶漆	m²	17.4	5.0	87.0	白色乳胶漆滚涂2遍，人工、主材、辅料全包
4	墙面基层处理	m²	43.5	15.0	652.5	修补墙面缝隙，修补抗裂带，石膏粉修补，成品腻子满刮2遍，360#砂纸打磨，人工、主材、辅料全包
5	墙面铺贴壁纸	m²	43.5	50.0	2175.0	成品壁纸，人工、主材、辅料全包
6	综合衣柜（深600mm）	m²	17.9	750.0	13425.0	生态板制作，含液压铰链、拉手，开门，人工、主材、辅料全包
7	单面包窗套	m	10.0	80.0	800.0	成品窗套，人工、主材、辅料全包
8	窗台石	m	3.6	80.0	288.0	铝合金边框，中间带腰线装饰，人工、主材、辅料全包
9	深色门槛	m	1.0	80.0	80.0	入户大门门槛，客厅拱形门洞下门槛，人工、主材、辅料全包
10	成品套装门	套	1.0	1200.0	1200.0	成品门，人工、主材、辅料全包
11	地面铺装复合木地板	m²	17.4	95.0	1653.0	12mm厚，含防潮垫踢脚线，人工、主材、辅料全包
	合计				21241.5	
十、儿童房工程						
1	石膏板吊顶	m²	5.7	100.0	570.0	木龙骨木芯板基层框架，纸面石膏板覆面，装饰造型，人工、主材、辅料全包

（续）

序号	项目名称	单位	数量	单价/元	合计/元	材料工艺及说明
2	顶棚基层处理	m²	9.6	15.0	144.0	修补顶棚缝隙，修补抗裂带，石膏粉修补，成品腻子满刮2遍，360#砂纸打磨，人工、主材、辅料全包
3	顶棚涂乳胶漆	m²	9.6	5.0	48.0	白色乳胶漆滚涂2遍，人工、主材、辅料全包
4	墙面基层处理	m²	24.0	15.0	360.0	修补墙面缝隙，修补抗裂带，石膏粉修补，成品腻子满刮2遍，360#砂纸打磨，人工、主材、辅料全包
5	墙面铺贴壁纸	m²	24.0	50.0	1200.0	成品壁纸，人工、主材、辅料全包
6	综合衣柜（深600mm）	m²	5.2	750.0	3900.0	生态板制作，含液压铰链、拉手、开门，人工、主材、辅料全包
7	单面包窗套	m	10.0	80.0	800.0	成品窗套，人工、主材、辅料全包
8	窗台石	m	3.6	80.0	288.0	铝合金边框，中间带腰线装饰，人工、主材、辅料全包
9	深色门槛	m	1.0	80.0	80.0	入户大门门槛，客厅拱形门洞下门槛，人工、主材、辅料全包
10	成品套装门	套	1.0	1200.0	1200.0	成品门，人工、主材、辅料全包
11	地面铺装复合木地板	m²	9.6	95.0	912.0	12mm厚，含防潮垫踢脚线，人工、主材、辅料全包
	合计				9502.0	

十一、书房工程

序号	项目名称	单位	数量	单价/元	合计/元	材料工艺及说明
1	石膏板吊顶	m²	4.3	100.0	430.0	木龙骨木芯板基层框架，纸面石膏板覆面，装饰造型，人工、主材、辅料全包
2	顶棚基层处理	m²	10.4	15.0	156.0	修补顶棚缝隙，修补抗裂带，石膏粉修补，成品腻子满刮2遍，360#砂纸打磨，人工、主材、辅料、全包
3	顶棚涂乳胶漆	m²	10.4	5.0	52.0	白色乳胶漆滚涂2遍，人工、主材、辅料全包
4	墙面基层处理	m²	26.1	15.0	391.5	修补墙面缝隙，修补抗裂带，石膏粉修补，成品腻子满刮2遍，360#砂纸打磨，人工、主材、辅料全包

（续）

序号	项目名称	单位	数量	单价／元	合计／元	材料工艺及说明
5	墙面铺贴壁纸	m²	26.1	50.0	1305.0	成品壁纸，人工、主材、辅料全包
6	综合书柜（深300mm）	m²	7.3	650.0	4745.0	生态板制作，含液压铰链、拉手，开门，人工、主材、辅料全包
7	窗台石	m	3.6	80.0	288.0	铝合金边框，中间带腰线装饰，人工、主材、辅料全包
8	深色门槛	m	1.0	80.0	80.0	入户大门门槛，客厅拱形门洞下门槛，人工、主材、辅料全包
9	成品套装门	套	1.0	1200.0	1200.0	成品门，人工、主材、辅料全包
10	地面铺装复合木地板	m²	10.4	95.0	988.0	12mm厚，含防潮垫踢脚线，人工、主材、辅料全包
	合计				9635.5	

十二、老人房工程

序号	项目名称	单位	数量	单价／元	合计／元	材料工艺及说明
1	石膏板吊顶	m²	4.3	100.0	430.0	木龙骨木芯板基层框架，纸面石膏板覆面，装饰造型，人工、主材、辅料全包
2	顶棚基层处理	m²	11.9	15.0	178.5	修补顶棚缝隙，修补抗裂带，石膏粉修补，成品腻子满刮2遍，360#砂纸打磨，人工、主材、辅料全包
3	顶棚涂乳胶漆	m²	11.9	5.0	59.5	白色乳胶漆滚涂2遍，人工、主材、辅料全包
4	墙面基层处理	m²	29.7	15.0	445.5	修补墙面缝隙，修补抗裂带，石膏粉修补，成品腻子满刮2遍，360#砂纸打磨，人工、主材、辅料全包
5	墙面铺贴壁纸	m²	29.7	50.0	1485.0	成品壁纸，人工、主材、辅料全包
6	综合衣柜（深600mm）	m²	6.2	750.0	4650.0	生态板制作，含液压铰链、拉手，开门，人工、主材、辅料全包
7	窗台石	m	3.6	80.0	288.0	铝合金边框，中间带腰线装饰，人工、主材、辅料全包
8	深色门槛	m	1.0	80.0	80.0	入户大门门槛，客厅拱形门洞下门槛，人工、主材、辅料全包

（续）

序号	项目名称	单位	数量	单价/元	合计/元	材料工艺及说明
9	成品套装门	套	1.0	1200.0	1200.0	成品门，人工、主材、辅料全包
10	地面铺装复合木地板	m²	11.9	95.0	1130.5	12mm厚，含防潮垫踢脚线，人工、主材、辅料全包
	合计				9947.0	

十三、其他工程

1	人力搬运费	项	1.0	1500.0	1500.0	从材料市场或仓库将材料搬运上车，到小区指定停车位搬运下车，搬运至施工现场
2	汽车运输费	项	1.0	1500.0	1500.0	从材料市场或仓库将材料运输至小区指定停车位
3	垃圾清运费	项	1.0	800.0	800.0	将装修产生的建筑垃圾装袋打包，清运至物业指定位置
4	开荒保洁费	m²	5.0	120.0	600.0	全房开荒保洁，家具、门窗、卫生间、墙面、地面
	合计				4400.0	
十四、工程直接费					129170.0	上述项目之和
十五、设计费		m²	126.0	60.0	7560.0	现场测量、绘制施工图、绘制效果图、预算报价，按建筑面积计算
十六、工程管理费					12917.0	工程直接费×10%
十七、税金					5117.9	（工程直接费+设计费+工程管理费）×3.42%
十八、工程预算总价					154764.9	工程直接费+设计费+工程管理费+税金

十九、客户自购主材设备或代购

| 1 | 全房灯具 | 项 | 1.0 | 5400.0 | 5400.0 | 客厅、餐厅灯2000元，房间灯共1000元，筒灯共40件共800元，门厅顶灯1件200元，扣板格灯4件共200元，欧普浴霸2件共1000元，阳台吸顶灯2件100元，配件100元 |

（续）

序号	项目名称	单位	数量	单价/元	合计/元	材料工艺及说明
2	全房洁具	项	1.0	6430.0	6430.0	坐便器共 2000 元，洗面台与水龙头共 2000 元，淋浴花洒共 600 元，给水软管共 100 元，洗菜龙头水槽 200 元，三角阀共 200 元，洗衣机水龙头 30 元，总阀门 3 件 100 元，地漏共 100 元，阳台洗衣台与水龙头 1 套 1000 元，配件 100 元
3	燃气热水器	件	1.0	3200.0	3200.0	18L 天然气直排，根据发票与安装配件收据结算，厂家负责售后
4	燃气灶与抽油烟机	件	1.0	3500.0	3500.0	该产品品牌繁多，价格为参考价，根据发票与安装配件收据结算，厂家负责售后
	合计				18530.0	
二十、工程决算总价					173294.9	

注：此预算、决算不含物业管理与行政管理所产生的费用，物业管理与行政管理的费用不由甲方承担。施工中项目和数量如有增加或减少，则按实际施工项目和数量结算工程款。

参考文献

[1] 许炳权. 装饰装修工程概预算和报价 [M]. 3 版. 北京：中国建材工业出版社，2010.

[2] 屈明飞. 装饰装修工程施工图识读快学快用 [M]. 北京：中国建材工业出版社，2011.

[3] 张毅. 装饰装修工程识图与工程量清单计价 [M]. 哈尔滨：哈尔滨工业大学出版社，2012.

[4] 张书鸿. 室内装修施工图设计与识图 [M]. 北京：机械工业出版社，2012.

[5] 滕道社，张献梅. 建筑装饰装修工程概预算 [M]. 2 版. 北京：中国水利水电出版社，2012.

[6] 朱树初. 明明白白做家装：必须把握的设计、施工、选材、配饰窍门 [M]. 北京：机械工业出版社，2014.

[7] 吴锐. 装饰装修工程预算快速入门与技巧 [M]. 北京：中国建筑工业出版社，2014.

[8] 佟立国. 装饰装修工程读图识图与造价 [M]. 北京：知识产权出版社，2014.

[9] 魏文彪. 建设工程预算入门与实例精解：装饰装修工程 [M]. 北京：中国电力出版社，2014.

[10] 张国栋. 例解装饰装修工程识图与预算 [M]. 北京：化学工业出版社，2015.

[11] 邹少丹. 装饰装修工程预算实例解读与技巧点拨 [M]. 北京：化学工业出版社，2016.

[12] 王子佳，孙红立. 建筑装饰装修工程识图新手快速入门 [M]. 北京：化学工业出版社，2017.

[13] 筑·匠. 装饰装修工程识图与造价速成 [M]. 北京：化学工业出版社，2017.

[14] 鸿图造价. 图解装饰装修工程识图与造价速成 [M]. 北京：化学工业出版社，2019.

[15] 松下希和，照内创，长冲充，等. 室内设计制图零基础入门 [M]. 秦思，译. 南京：江苏凤凰科学技术出版社，2020.